工学结合·基于工作过程导向的项目化创新系列教材
高等职业教育"十四五"系列教材

C语言程序设计教程（项目化）

◎主　编　朱益江
◎副主编　徐森林　沈宫新　张蓓蓓
◎参　编　韦玉华

華中科技大学出版社
http://www.hustp.com
中国·武汉

内容提要

本书是在"教、学、做、练"一体化的教学模式指导下，以项目为载体，以能力培养为核心，采用任务驱动的方法组织编写的。项目选取直观、有趣、简单，语言叙述口语化，知识点的安排由浅入深。

本书共设计了11个项目。这11个项目包含的知识点有：C语言程序的结构和书写规范，C语言程序的开发环境和运行步骤，常量和变量，基本数据类型，运算符与表达式，格式输入/输出函数的用法，程序的三种控制结构（顺序结构、选择结构、循环结构），函数、数组、简单的指针应用，结构体，文件。最后一个项目为综合训练。

为了方便教学，本书还配有电子课件等教学资源包，任课教师和学生可以登录"我们爱读书"网（www.ibook4us.com）浏览，任课教师还可以发邮件至 hustpeiit@163.com 索取。

本书适合作为高职高专院校相关专业的计算机语言教材，也可以作为编程爱好者的入门自学教材。

图书在版编目（CIP）数据

C语言程序设计教程：项目化/朱益江主编．—武汉：华中科技大学出版社，2016.7（2022.7 重印）
ISBN 978-7-5680-1762-6

Ⅰ．①C… Ⅱ．①朱… Ⅲ．①C语言-程序设计-教材 Ⅳ．①TP312

中国版本图书馆 CIP 数据核字（2016）第 091989 号

C语言程序设计教程（项目化） 朱益江 主编
C Yuyan Chengxu Sheji Jiaocheng(Xiangmuhua)

策划编辑：康 序
责任编辑：史永霞
封面设计：孢 子
责任校对：周 娟
责任监印：朱 玢
出版发行：华中科技大学出版社（中国·武汉） 电话：(027)81321913
武汉市东湖新技术开发区华工科技园 邮编：430223
录 排：武汉三月禾文化传播有限公司
印 刷：武汉邮科印务有限公司
开 本：787mm×1092mm 1/16
印 张：13
字 数：308 千字
版 次：2022年7月第1版第8次印刷
定 价：35.00 元

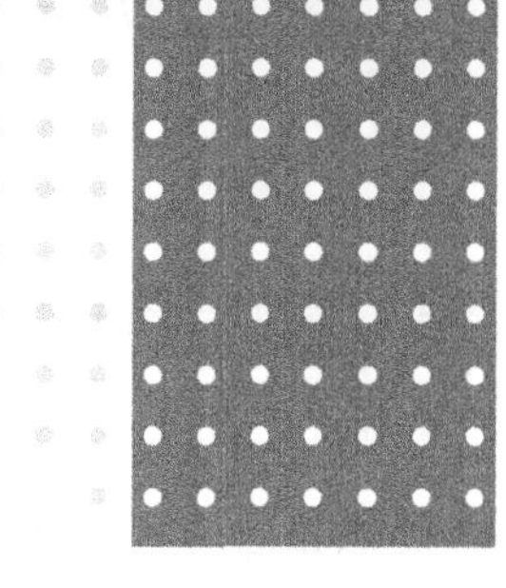

FOREWORD
前言

C语言是目前国际上最流行和使用最广泛的计算机高级编程语言之一。C语言因其简洁、表达能力强、功能丰富、可移植性好和目标程序质量高，受到编程人员的普遍青睐。现在我国绝大部分高职院校都把C语言作为计算机类及其相关专业的一门程序设计基础语言。

目前，高职教育的“C语言程序设计”教材版本繁多，普遍存在的问题是针对性不强，技能训练的实践性不够，过于重视语法、技巧及考证。除了计算机专业，高职院校工程类专业特别是电子、电气工程、自动化、机电等非计算机专业大都开设“单片机原理与应用”和“嵌入式开发系统”等课程，其前续课程就是“C语言程序设计”。为了更好地适应高等职业教育的人才培养目标，我们在教学内容、教学方法的改革上进行了大胆尝试。现在C语言的“教、学、做、练”一体化的教学模式已成为一种主流方式。

本着“围绕职业岗位能力，以项目为载体，采用任务驱动法”的教学原则，本书采用了教材建设的一种新模式：以项目为载体，以能力培养为核心，结合本岗位的项目（任务）驱动来掌握课程知识点，随后做课程项目设计练习，通过实践提高程序设计能力。本书融合了作者多年的教学实践和项目开发经验，具有以下特点。

(1) 以项目为背景，以知识为主线，学、练结合。

全书以11个项目为背景，并将每个项目分解成多个任务，由简单到复杂，通过对任务的分析和实现，依次引导学生由浅入深、由易到难地学习，边学边练，使学生的编程水平和能力得到逐步提高。

(2) 选取的项目趣味性强、直观，语言叙述口语化。

我们精心选取，使项目尽量直观、有趣、简单。学生在完成项目的过程中能有明显的成就感，以提高学生的学习兴趣。在知识点的讲解过程中，尽量采用生活中的知识打比喻，语言叙述尽量做到口语化，便于学生对C语言的要点和难点的理解和掌握。

(3) 教材内容以适度、够用为原则。

考虑本书读者的特点，书中知识点的安排以适度、够用为原则，以C语言编程基本技能训练为主线，突出基本技能的培养，内容完整，层次清楚。

(4) 提供相应的实训习题。

本书在每一个任务后都提供相应的实训习题，作为“教、学、做、练”一体化的教学模式中重要的“做”和“练”的部分。每一个项目后提供理论知识习题作为课后练习，便于读者自查学习效果。本书中的代码均在 Dev-C++运行环境中调试通过。

本书共设计了 11 个项目，包含的知识点有：C 语言程序的结构和书写规范，C 语言程序的开发环境和运行步骤，常量和变量，基本数据类型，运算符与表达式，格式输入/输出函数的用法，程序的三种控制结构（顺序结构、选择结构、循环结构），函数、数组、简单的指针应用，结构体，文件。最后用设计一个学生信息管理系统的项目进行综合训练。

本书由连云港职业技术学院朱益江任主编，由连云港职业技术学院徐森林、南京科技职业学院沈宫新和桂林理工大学南宁分校张蓓蓓任副主编，由连云港职业技术学院韦玉华任参编，由南京科技职业学院朱明任主审。其中，项目 1～5、附录 A～附录 C 由朱益江老师编写，项目 9～10 由徐森林老师编写，项目 8 和项目 11 由沈宫新老师编写，项目 6 和项目 7 由张蓓蓓老师编写，全书由朱益江老师统稿。

为了方便教学，本书还配有电子课件等教学资源包，可以登录“我们爱读书”网（www.ibook4us.com）浏览，任课教师还可以发邮件至 hustpeiit@163.com 索取。

本书的出版得到了华中科技大学出版社的大力支持，在此表示感谢！由于受水平和时间的限制，书中难免有疏漏和不足之处，恳请读者批评指正。

编者

2021 年 5 月

CONTENTS

目录

项目1　编写第一个C语言程序

学习目标

1. 知识目标

(1) 了解计算机语言的相关知识。

(2) 了解为什么要学C语言。

(3) 掌握C语言程序的基本框架。

2. 能力目标

(1) 掌握C语言程序的基本框架。

(2) 掌握使用上机环境Dev-C++的整个流程。

(3) 能够处理Dev-C++的异常情况。

任务1　知识准备

【任务导入】

人们交流思想、传递信息要使用语言这个工具。我们要让计算机为我们工作,也必须同计算机交流信息,同样有个语言工具问题。学习使用计算机,主要的就是学习计算机的语言。下面我们看两个例子。

首先来看一个八皇后问题:1848年,国际象棋棋手马克斯·贝瑟尔提出:在8×8格的国际象棋上摆放8个皇后,使其不能互相攻击,即任意2个皇后都不能处于同一行、同一列或同一斜线上,问有多少种摆法。如果给你一定时间你肯定能找出一种摆法,图1-1所示就是一种摆法。高斯认为有76种摆法,你认为呢?估计每个人的答案都不一样,但如果你会编一个计算机程序,只要几秒钟就可算出来有92种摆法。

再讲一故事:1772年,瑞士数学大师欧拉在双目失明的情况下,花了两天的时间,靠心算证明了$2^{31}-1$(即2147483647)是第8个梅森素数。这个具有10位的素数,堪称当时世界上已知的最大素数。但如果我们用计算机编一个程序,可能用不了几秒就能算出来。

所以说,学会计算机语言非常重要。

图 1-1　八皇后问题图示

【任务分析】

计算机语言既然是语言，那么关于语言的相关知识就要了解。另外，计算机语言很多，我们为什么选择 C 语言呢？

【相关知识】

一、计算机语言的概述

1. 机器语言

众所周知，中国人和中国人之间交流如果用普通话，应当没什么障碍。可是，如果中国人想要和美国人交流，就必须要学习英语，或者让美国人学习汉语。同理也是一样，人想要和计算机交流，就必须学会计算机的语言（不可能让计算机说普通话吧）。

和人类世界一样，人类有很多语言，实现不同的应用、不同的功能，就需要不同的计算机语言（当然，计算机的语言与人类的相比，那是少之又少的）。

计算机本质上是机器。机器没办法像人一样通过培训来理解人类的思想，所以，让人类为计算机定一套沟通的规则，然后人自己去学会这些语言，从而可以方便地控制机器。

计算机能听懂的语言是什么呢？就是机器语言。众所周知，组成计算机的最小电子元件只有两种工作状态：通电和断电。一般用 1 和 0 来表示通电和断电。机器语言其实就是 1 和 0 的组合。事实上，计算机里的所有数据，无论是一个程序、一篇文稿、一张照片，还是一首歌曲、一段视频，最终都是 0 和 1 的组合。通过电路来控制这些元器件的通断电，会得到很多 0、1 的组合。例如，8 个元器件有 $2^8=256$ 种不同的组合，16 个元器件有 $2^{16}=65\ 536$ 种不同的组合。虽然一个元器件只能表示 2 个数值，但是多个结合起来就可以表示很多数值了。

2. 汇编语言

既然机器语言尽是 0 和 1，那么是不是可以随便写一串 0 和 1 就算是程序了呢？不是。就像汉语是由汉字组成的，我说“我想学 C 语言”这一串汉字，大家都懂；但如果是“言我学想 C 语”这一串汉字，大家可能就不明白了。机器也有自己固定的词汇，在机器语言里，称为机器指令，程序是由指令及数据组成的。这些指令是一些固定的 0 和 1 的组合。程序员就得将这些指令一次次正确地用 0 和 1 拼写出来。你决不会将“我想学 C 语言”说成“言我学想 C 语”，但你极有可能将 10101101 写成 10010101。这是由不同厂商不同型号的机器，其指令系统有所不同造成的。所以，出现了用符号来表示这些固定的二进制指令的语言，这就是汇编语言。当然，在汇编语言和机器语言中间还存在一个翻译程序。下面是一段从 C++Builder 的 CPU 调试窗口中摘出的代码，它实现的功能是：

已知 b 等于 1，c 等于 2，然后计算 b+c 值，并将该值赋给 a。

```
10001010 01010101 11000100    mov edx,[ebp- 0x3c]
00000011 01010101 11000000    add edx,[ebp- 0x40]
10001001 01010101 11001000    mov [ebp- 0x38],edx
```

把这段代码的机器语言(左)和汇编语言(右)进行对照，可看出二者各自的特点。

前面提过，不同的 CPU 有不同的指令系统，从而就有不同的机器语言与之一一对应。计算机硬件不同，机器语言就不同，汇编语言也不同。所以，程序员用汇编语言编写的程序，都要记住是在什么 CPU 上编写的。程序员不仅要考虑程序设计思路，还要熟记计算机内部结构，这种编程的劳动强度依旧很大。

3. 高级语言

汇编语言和机器语言虽然难记难写，但它们的代码效率高，占用内存少，这相当符合当时计算机的存储器昂贵、处理器功能有限等硬件特点。所以，现在单片机的课程还包括学习汇编语言。

众所周知，计算机的硬件发展飞速，功能越来越强大。一方面，随着其功能的增强人们要求它能处理越来越复杂或庞大数据量的计算功能，机器语言和汇编语言已经无法满足这些需求；另一方面，硬件的发展和关键元件价格的降低，使得程序员不需要在降低内存占用、减少运算时间上花太多的精力。在这样的背景下，1954 年，Fortran 语言出现了，其后相继出现了其他的高级语言。高级语言要被计算机执行，也需要一个翻译程序将其翻译成机器语言，这就是编译程序。

高级语言“高级”在何处呢？就是接近“高级动物——人”的自然语言和思维方式，比如语句“if(x>0) y=1;”，相信大家都知道它的意思。

设计语言的科学家出于不同的目的，先后设计了 Pascal、BASIC、C、C++等数百种高级语言。

二、为什么选择 C 语言

计算机语言很多，我们为什么选择 C 语言呢？这个问题应当根据不同的专业背景和使用目的来回答。

（1）C语言是全世界用得最多的计算机程序语言。

世界编程语言排行榜（www.tiobe.com/）是编程语言流行趋势的一个指标，每月更新，这份排行榜排名基于互联网上有经验的程序员、课程和第三方厂商的数量。排名使用著名的搜索引擎（诸如Google、Baidu等）进行计算。C语言大部分情况下排名第一（偶尔会被Java夺得宝座）。

（2）C语言大小通吃。

C/C++语言既有高级语言的优点，又在很多方面保留了低级语言速度快、可进行很多具有可直接映射硬件结构的操作的长处。故不论大型软件，如Windows操作系统、大型网络游戏，还是一个单片机，都可使用C语言来开发。事实上，很多人称它为中级语言。

C语言应用非常广泛，可以用来开发桌面软件、硬件驱动、操作系统、单片机等，从微波炉到手机，从汽车到智能电视，都有C语言的影子。

（3）C语言简洁、紧凑，使用灵活，功能强大，代码执行效率高。

C语言只有32个关键字、9种控制语句，却能完成无数的功能。

（4）学习了C语言以后再学习其他语言，会触类旁通。

高级语言之间都有极大的相通之处，当掌握了C语言以后，再去学习其他语言，就会很快上手，7天了解一门新语言不是神话。

（5）学习C语言还可以顺便了解很多计算机的运行原理，对于初学者，可以为后面的学习夯实基础。

三、如何学好C语言

要学好任何一门课，兴趣和动力是根本，方法只是枝叶。不管你是因为何种原因开始学习C语言的，首先一定要找到学习的兴趣和动力。当然，好的学习方法和好的教材，对培养和维持兴趣也有非常重要的作用。对于初学者，以下是一些基本方法。

1. 思维方法和角度一定从计算机的角度来思考

在人和计算机的交流过程中，人是强势的一方，计算机是弱势的一方。故人就不能按照自己的智能来对待计算机。首先要掌握C语言的词汇、运算和语法规则，这个规则就是计算机能懂的语言。比如：数学方程式 y=2x+1 等价于 y=2 * x+1，这个式子中的乘法符号在数学中是可以省略的，但在C语言中是不能省略的。因此，我们在编写相关程序时一定要加上这个乘法符号。

2. 多动手、多思考，找到成就感

对于初学者来说，跟着教材看懂每个案例上的代码，并且上机一一验证是基础。因为教材一般是按循序渐进的顺序安排内容的，每一个例子都包含新的知识点。从看懂别人的程序到模仿、摸索思考、实践，编出自己的第一个程序，这是一个渐进的过程。当读者能独立编出一个自己想要的程序，这种成就感将会是非常棒的学习体验。

3. 在独立思考与求助之间找到平衡点

在学习C语言的过程中，不可避免地会遇到这样那样的问题。出现问题之后不要着急，

也不要急着去问别人。首先应该尝试自己独自分析，独立解决，因为这样可以锻炼我们自主解决问题的能力。从编者多年的教学实践看，很多同学在这方面都很欠缺，这也是很多同学感觉C语言难学的原因之一。但是个人的能力毕竟是有限的，当我们无法自己解决时，就应该尝试调动一切可以调动的力量，比如向身边有C语言编程经验的人请教，或者在论坛里向别人求助，充分利用网络上的资源。因为这个时候或许别人简单的一句话，就会让你茅塞顿开，受益匪浅。

明白了以上几点，就让我们一起踏上愉快的编程之旅吧！

任务2 编写第一个C语言程序

【任务导入】

有了前面的一些知识，我们就可以开始学习具体的内容了。那么，究竟一个C语言程序是什么样的？首先，学写一个程序就好像学画一个人，先从最简单的简笔画的人开始。另外，将C语言的程序输入计算机时往哪输入？输入错了怎么修改？显然必须要有一个编译程序和工具来帮助我们。

【任务分析】

初次接触程序，许多学生不知道编程序是怎么回事。本任务是在教师的演示和引领下认识编写C语言程序的环境和执行C语言程序的过程，并编写一个简单的C语言程序。

【相关知识】

C语言编译器和IDE

首先要考虑的问题是如果我们在纸上写了程序后，往计算机的哪个软件里输入呢？记事本？Word？我们输入的这个程序和普通的文字有什么区别吗？这时我们在前文提到过的软件——编译器就必须登场了！

在Windows操作系统中，可执行程序(executable program)大部分是 .exe 程序，它是一系列计算机指令和数据的集合。这些指令都是二进制形式的，CPU可以直接识别，毫无障碍；但是对于程序员来说，它们非常晦涩，难以记忆和使用。

C语言代码由固定的词汇按照固定的格式组织起来，简单、直观，程序员容易识别和理解；但是对于CPU，C语言代码就是“天书”，根本不认识，CPU只认识几百个二进制形式的指令。这就需要一个工具，将C语言代码转换成CPU能够识别的二进制指令，也就是将代码加工成 .exe 程序。这个工具是一个特殊的软件，叫作编译器(compiler)。

编译器能够识别代码中的词汇、句子以及各种特定的格式，并将它们转换成计算机能够识别的二进制形式，这个过程称为编译(compile)。

C 语言的编译器有很多种，早期 DOS 操作系统下最著名的一个编译器就是 Turbo C。而在 Windows 操作系统中常用的是微软公司开发的 VC＋＋ 6.0，Linux 操作系统中常用的是 GUN 组织开发的 GCC。

代码语法正确与否，编译器说了才算，我们学习 C 语言，从某种意义上说，就是学习如何使用编译器，让编译器生成 .exe 程序。

编译器可以保证代码从语法上讲是正确的，因为哪怕有一点小小的错误，编译也不能通过，编译器会告诉用户哪里错了，便于更改。

实际开发中，除了编译器等必需的工具，我们往往还需要很多其他辅助软件，例如编辑器、调试器、连接器、文件管理等，这些工具通常被打包在一起，统一发布和安装，例如 Visual C＋＋ 6.0、Visual Studio、Dev-C＋＋、Code::Blocks、C-Free 等，它们统称为 IDE(integrated development environment，集成开发环境)。

本教材考虑到现在操作系统普遍为 Windows 8，且同学们上机时基本编辑错误较多，故选用适合初学者的 Dev-C＋＋ 5.11(中文版)作为开发环境。

【任务实施】

一、了解一个简单的 C 语言程序

在早期的计算机系统中，人主要通过键盘对计算机发出指令。而计算机要把“它”想说的话告诉人类，有两种方法，一种是显示在显示器屏幕上，一种是通过喇叭发出声音。就如同人类说话，一种是写在纸上，一种是用嘴巴说出来。由于早期计算机还不支持多媒体，因此主要是用屏幕输出。最简单的程序就是让计算机在屏幕上输出一句话。

下面这句话就是使用 C 语言在屏幕上输出“hello，world!”：

```
printf("hello,world!");
```

这里的 printf 就相当于中文里的“说”或者英语中的“say”。在 printf 后面紧跟一对圆括号( )，是不是很像一个嘴巴，把要说的内容“放在”这个“嘴巴里”。这里还有一个需要注意的地方，在 hello，world! 的两边有一对双引号""，双引号里面的内容就是计算机需要说的内容，这一点也很像我们的汉语。最后，一句话结束了要有一个结束的符号。我们汉语用句号“。”表示一句话的结束，英语用句点“.”表示一句话的结束，在计算机语言中，用分号“;”表示一个语句的结束。

注意

图 1-2　搜狗英文半角输入法

这句话中的圆括号、双引号、分号都是英文符号，而且是半角的，所以在编写代码的时候需要切换到英文半角输入法，如图 1-2 所示。

C 语言起源于美国，单词、标点、特殊符号都需要在英文半角输入法下输入才有效，否则无法识别，读者要注意区分中英文标点。

但是仅有 printf 是不够的，程序不能运行，计算机不能识别，还需要添加其他代码，构成一个完整的框架。完整的程序如下：

```
#include <stdio.h>                    /*头文件*/
int main (void)                       /*主函数*/
{
    printf("hello,world!");           /*输出一句话*/
    return 0;
}
```

这里的

```
#include <stdio.h>
int main (void)
{
  return 0;
}
```

是所有 C 语言源代码都必须有的框架。

下面进行详细说明。

(1) 程序的第一行是文件包含的命令行，即以“#”开始的命令行(后面章节会做介绍)。

(2) 第二行 main () 为主函数名，函数名后面的一对圆括号()用来写函数的参数，void 表示没有参数返回，编译系统允许不写 void，但圆括号不能省略。每个 C 语言程序必须有一个主函数 main。int main 是标准 C99 规范的写法。main 函数的返回值类型必须是 int，这样返回值才能传递给程序的激活者(如操作系统)。在标准 C89 中是允许 main 前面没有 int 的。

(3) 程序中的一对花括号内的程序行称为函数体，函数体通常由一系列语句组成，每个语句必须用分号结束。

(4) “/ *”和“ * /”之间的文字是注释。注释只是给人看的，对编译和运行不起作用。所以，注释可以用汉字或英文字符表示，可以出现在一行中的最右侧，也可以单独成为一行。

(5) return 0 表示 main 函数的返回值是 0，说明程序正常退出。如果没有此句，代表程序异常退出。

二、在 Dev-C++的环境中建立和运行程序

Dev-C++是一个 C&C++开发工具，也是一款自由软件，遵守 GPL(通用公共许可证)许可协议分发源代码。它集合了 MinGW 等众多自由软件，并且可以取得最新版本的各种工具支持。它使用 MingW32/GCC 编译器，遵循 C/C++标准。开发环境包括多页面窗口、工程编辑器以及调试器等，在工程编辑器中集合了编辑器、编译器、连接程序和执行程序，提供高亮度语法显示，各种括号自动配对输入，以减少编辑错误，还有完善的调试功能，能够满足初学者与编程高手的不同需求，是学习 C 或 C++的首选开发工具。

原开发公司在开发完 4.9.9.2 版后停止开发，现在正由其他公司更新开发，但都基于

4.9.9.2。5.11(中文版)是本书成稿前的最新版，容量只有48M，占用空间小。

1. 安装和语言的选择

从网上下载Dev-C++ 5.11(中文版)后，将其解压缩到合适的文件夹，打开解压缩后的文件夹，双击图标即开始安装，如图1-3所示，安装语言选项选择"English"，安装内容选项默认，然后选择安装路径，即可开始安装。

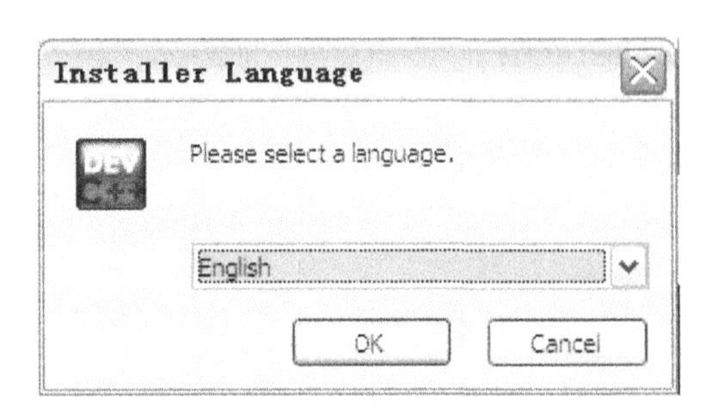

图1-3 Dev-C++ 5.11 **安装语言选项界面**

安装好后开始运行Dev-C++，此时出现图1-4(a)所示的语言选项界面，此时选择"简体中文/Chinese"，再单击"Next"按钮。在图1-4(b)中选择"字体""颜色""图标"等主题信息，再单击"Next"按钮，完成设置后出现图1-5所示的主程序窗口。

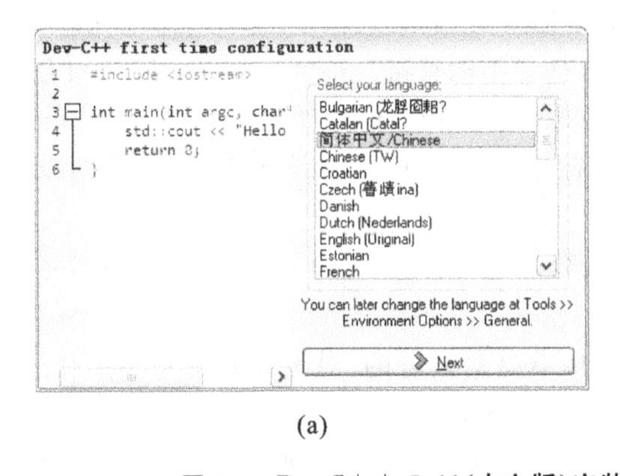

(a)

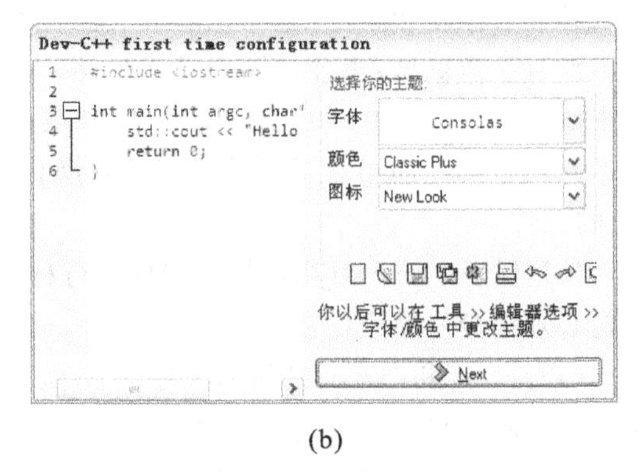

(b)

图1-4 Dev-C++ 5.11(**中文版)安装后首次运行语言选项和主题设置界面**

2. 编辑器的设置

Dev-C++ 5.11(中文版)编辑器的许多菜单和命令和Windows操作系统中的程序窗口操作是相似的，不一一介绍，下面主要介绍几个常用的功能。

为了方便编辑，最好修改一下编辑器的一些参数：单击"工具"菜单→"编辑器选项"，然后进行如下操作。

● 在"基本"选项卡下，勾选"☑自动缩进""☑使用Tab字符"和"☑增强Home键功能"，同时取消勾选智能Tab，如图1-6(a)所示。

● 在"显示"选项卡下，勾选"☑行号"(编辑区左边装订线处显示行数)，如图1-6(b)所示。

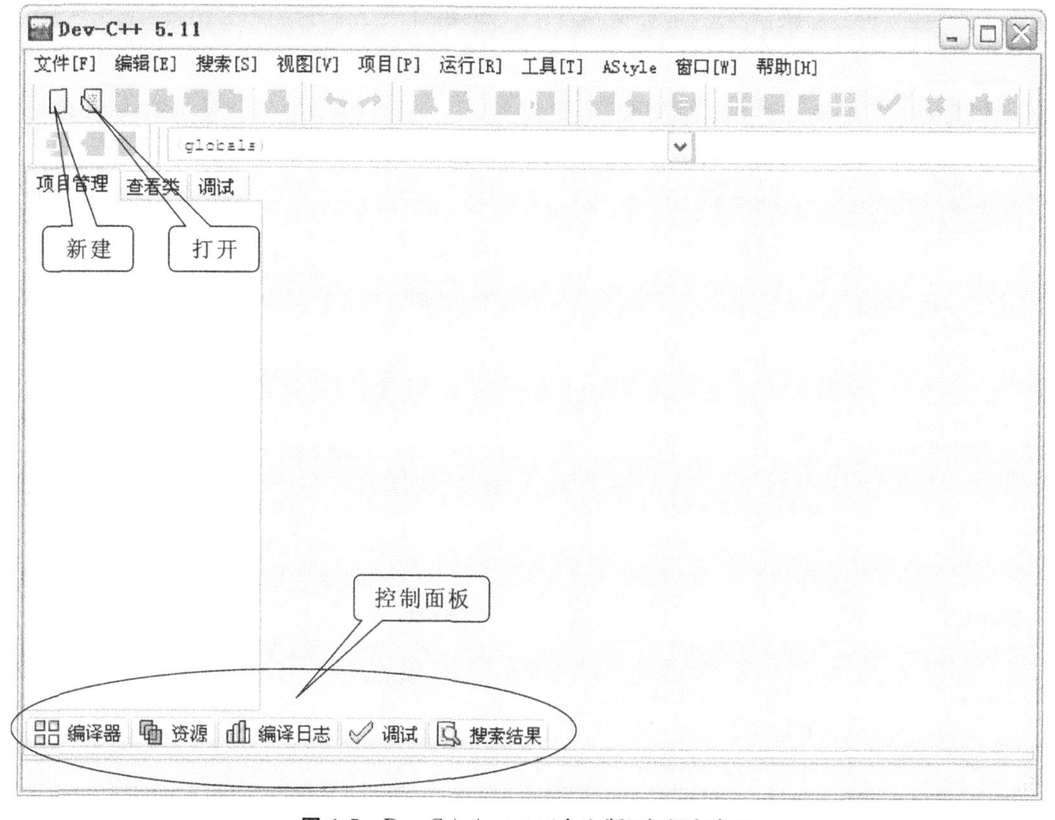

图 1-5 Dev-C++ 5.11(**中文版**)**主程序窗口**

● 在“语法”选项卡下,在“预设”列表框中选择“Visual Studio”,如图 1-6(c)所示。

● 在“自动保存”选项卡下,勾选“☑启用编辑器自动保存”,如图 1-6(d)所示。最后单击“确定”按钮。

Dev-C++包含代码格式化工具“Astyle”。首次使用时,单击菜单“AStyle”→“格式化选项”,建议在“括号风格”中选用“K&R”(这是由计算机专家 Brian Kernighan 和 Dennis Ritchie 确立的风格),缩进风格选用“Tabs”(用制表符分隔)。单击“OK”按钮,如图 1-7 所示。以后可以单击菜单“AStyle”中的“格式化当前文件”命令(快捷键 Ctrl+Shift+A),就可以按照选定的格式对当前文件进行格式化(自动整理括号和缩进)。

3. *新建程序和保存程序*

在图 1-5 所示的主窗口中,单击“文件”→“新建”→“源代码”命令,这时在右边的代码编辑区中就可以输入程序了,如图 1-8 所示。

输入程序时我们会发现 C 语言的包含命令#include 会变成蓝色,注释会变成绿色,这样我们在输入错误时马上就会发现,便于检查和改正。另外,括号只需输入左括号,右括号会自动出现,引号也是如此。程序输入后的窗口如图 1-9 所示。在左边编辑区左边装订线处显示行数。

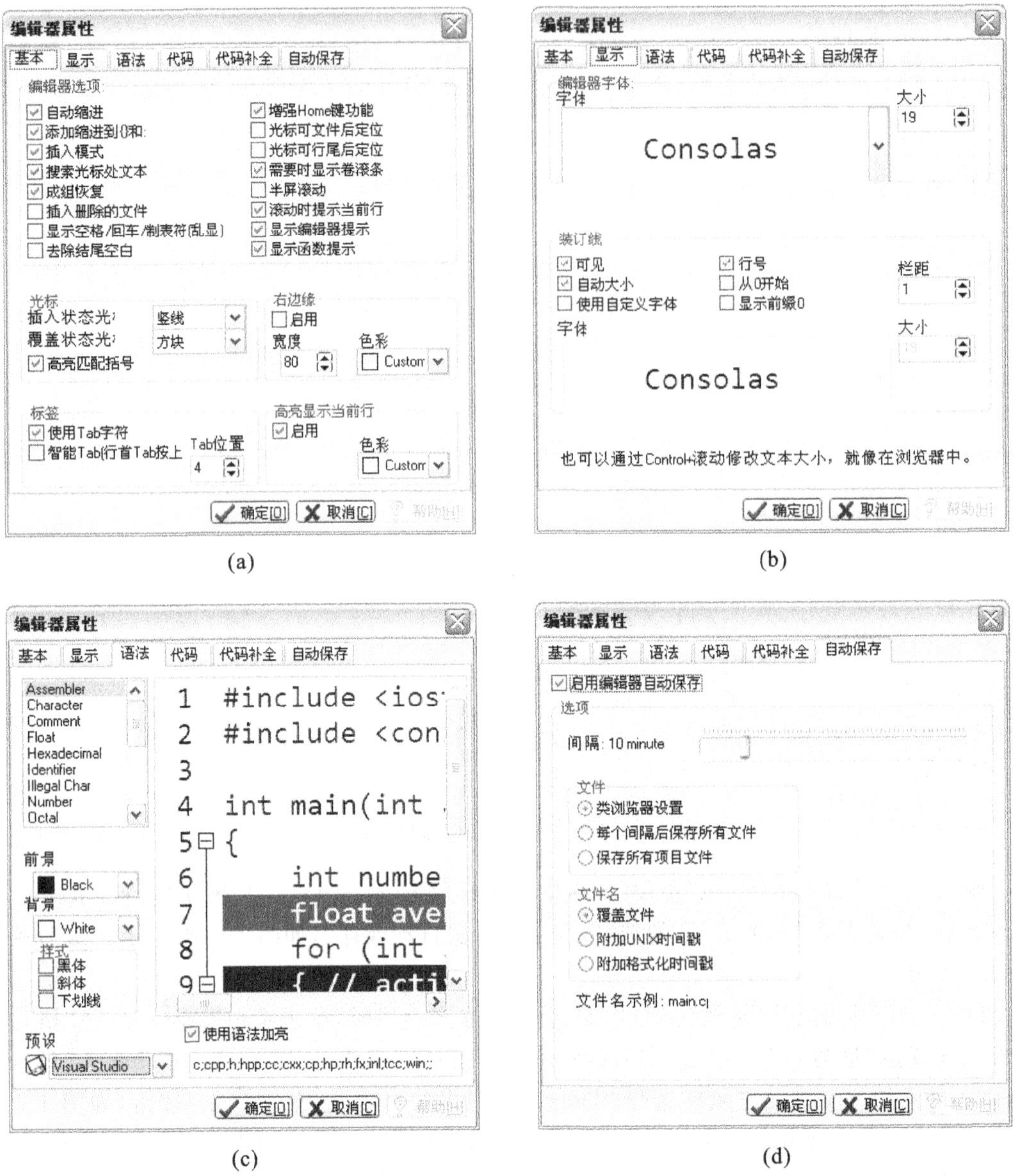

编辑器属性
基本 显示 语法 代码 代码补全 自动保存
编辑器选项
☑自动缩进
☑添加缩进到{}和:
☑插入模式
☑搜索光标处文本
☑成组恢复
☐插入删除的文件
☐显示空格/回车/制表符(乱显)
☐去除结尾空白
☑增强Home键功能
☐光标可文件后定位
☐光标可行尾后定位
☑需要时显示卷滚条
☐半屏滚动
☑滚动时提示当前行
☑显示编辑器提示
☑显示函数提示
光标
插入状态光: 竖线
覆盖状态光: 方块
☑高亮匹配括号
右边缘
☐启用
宽度 80
色彩 Custom
标签
☑使用Tab字符
☐智能Tab(行首Tab按上
Tab位置 4
高亮显示当前行
☑启用
色彩 Custom
确定[O] 取消[C] 帮助[H]

(a)

编辑器属性
基本 显示 语法 代码 代码补全 自动保存
编辑器字体:
字体
Consolas
大小 19
装订线
☑可见
☑自动大小
☐使用自定义字体
☑行号
☐从0开始
☐显示前缀0
栏距 1
字体
Consolas
大小
也可以通过Control+滚动修改文本大小，就像在浏览器中。
确定[O] 取消[C] 帮助[H]

(b)

编辑器属性
基本 显示 语法 代码 代码补全 自动保存
Assembler
Character
Comment
Float
Hexadecimal
Identifier
Illegal Char
Number
Octal
前景 Black
背景 White
样式
☐黑体
☐斜体
☐下划线
```
1  #include <ios
2  #include <con
3
4  int main(int
5  {
6      int numbe
7      float ave
8      for (int
9      { // acti
```
☑使用语法加亮
预设 Visual Studio
c;cpp;h;hpp;cc;cxx;cp;hp;rh;fx;inl;tcc;win;;
确定[O] 取消[C] 帮助[H]

(c)

编辑器属性
基本 显示 语法 代码 代码补全 自动保存
☑启用编辑器自动保存
选项
间隔: 10 minute
文件
⊙类浏览器设置
○每个间隔后保存所有文件
○保存所有项目文件
文件名
⊙覆盖文件
○附加UNIX时间戳
○附加格式化时间戳
文件名示例: main.c
确定[O] 取消[C] 帮助[H]

(d)

图 1-6　Dev-C++编辑器的参数设置选项

注意：在写 main() 函数时，不要写成 void main()（这是某些国内教材上的过时做法），而应按照 C 语言的标准规范，写成 int main()，而且在程序末尾加上语句“return 0;”。

程序输入完成后，必须先保存。单击工具栏上的“保存”按钮，出现“保存为”对话框（见图 1-10），选择保存的文件路径，输入文件名，保存类型选择“C source files（*.c）”，即后缀名为.c 的文件，单击“保存”按钮完成保存。

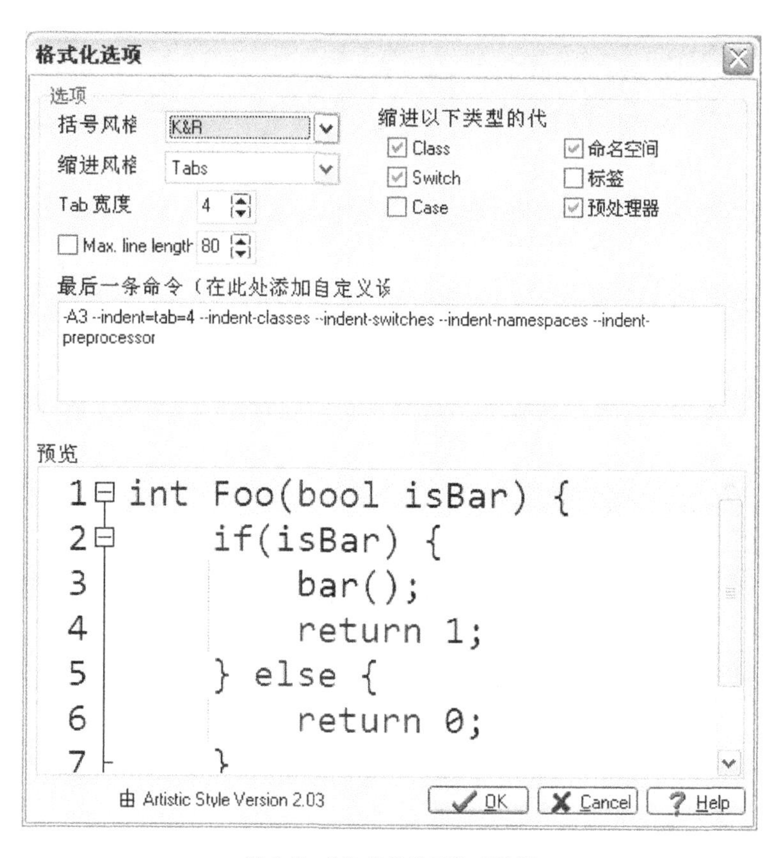

图 1-7 “格式化选项”对话框

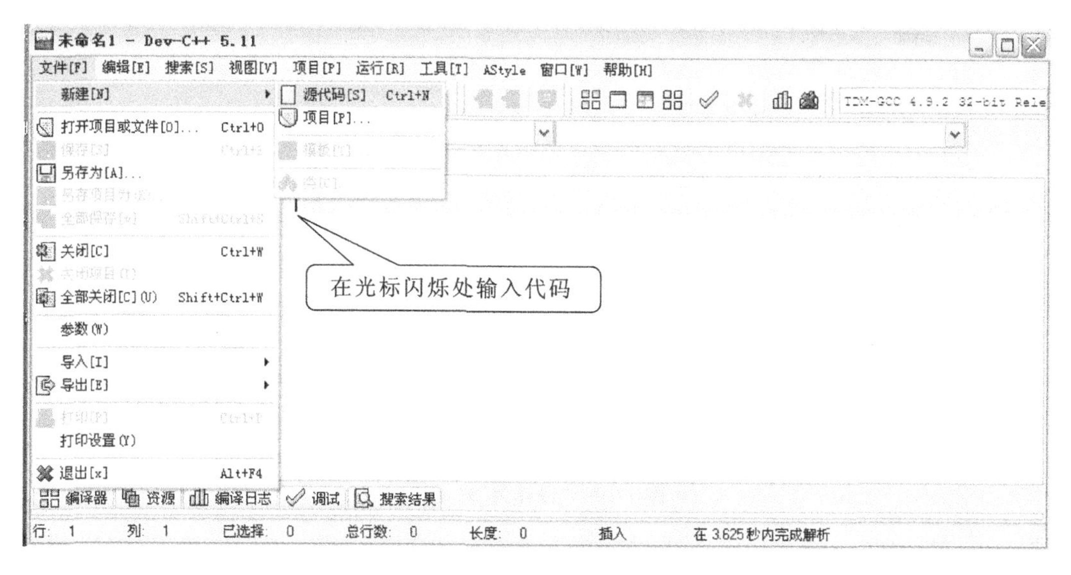

图 1-8 Dev-C++新建源代码主窗口

```
未命名1 - Dev-C++ 5.11
文件[F] 编辑[E] 搜索[S] 视图[V] 项目[P] 运行[R] 工具[T] AStyle 窗口[W] 帮助[H]
项目管理 查看类 调试    [*]未命名1
1  #include <stdio.h>
2  int main ()
3  {
4     printf( " hello,world! " );
5     return 0;
6  }
7
编译器 资源 编译日志 调试 搜索结果
行: 5  列: 12  已选择: 0  总行数: 7  长度: 84  插入
```

图 1-9　程序输入后的窗口

图 1-10　“保存为”对话框

4. 编译运行程序

程序编写完成之后，从主菜单选择“运行”→“编译”命令或按快捷键 Ctrl+F9，可以一次性完成程序的预处理、编译和连接过程。再从主菜单选择“运行”→“运行”命令或按快捷键Ctrl+F10,可以输出运行结果。当然,也可以使用工具栏上的 按钮来完成。

单击工具栏上的“编译运行”按钮或按快捷键F9,一次性完成编译、运行操作。如果编译出错,则根据出错信息进行修改。编译成功之后,就会自动运行程序。

编译结束后,系统会在主窗口的下部的调试信息窗口输出编译的信息,如果程序中存在语法错误,就会指出错误的位置和性质,并统计错误和警告的个数,如图1-11所示。语法错误分为error和warning两类。error是一类致命错误,程序中如果有此类错误,则无法生成目标文件,更不能执行。warning则是相对轻微的一类错误,不会影响目标文件及可执行文件的生成,但有可能影响程序的运行结果。因此,建议最好把所有的错误(无论是error还是warning)都一一修正。

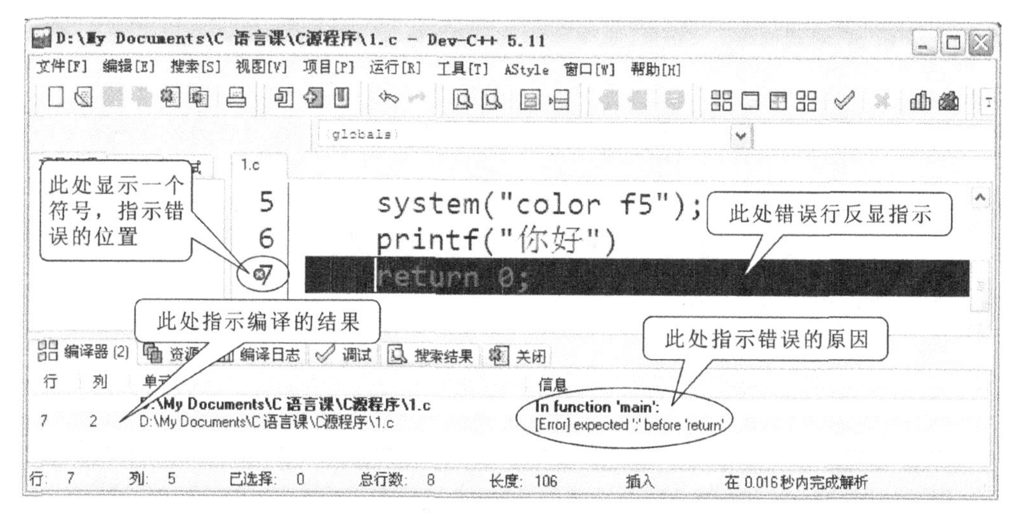

图1-11 Dev-C++**编译信息提示窗口**

如果编译成功(无误),则会弹出一运行结果窗口。窗口中以虚线为界,上面是程序运行的结果,而下面是固定的内容,显示程序运行的时间,如图1-12所示。

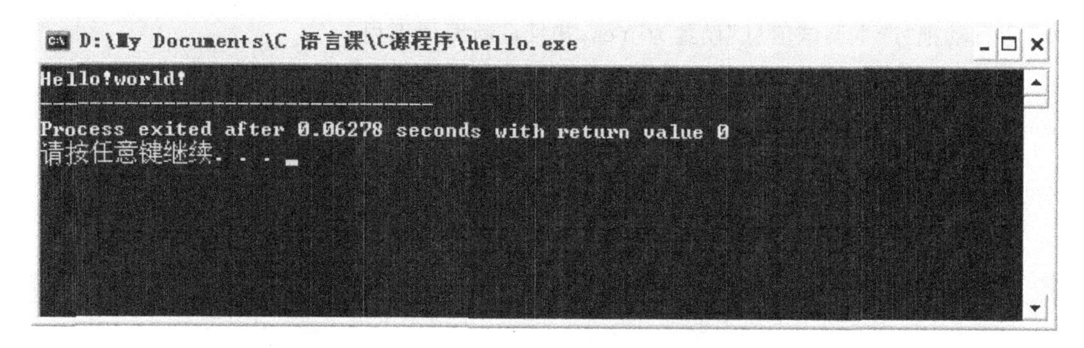

图1-12 Dev-C++ 5.11**(中文版)运行结果窗口**

5. **程序调试**

如果程序较长或功能较多，就不能直接运行，而是要进行分段调试。

Dev-C++ 5.11 没有单独的“调试”菜单，只是在“运行”菜单下面有几个菜单项与调试有关：“切换断点”“调试”“停止运行”。

1）设置断点(break point)

把光标移动到想要暂停执行的那一行，按 F4 键，或者直接用鼠标单击该行左边的装订区位置中的行号，该行就会变成红色，装订区的行号处显示有一个红点，表示该行已被设置为一个断点。再次操作，则取消该行为断点。在程序中至少要设置一个断点才能开始下文所说的调试，如图 1-13 所示。

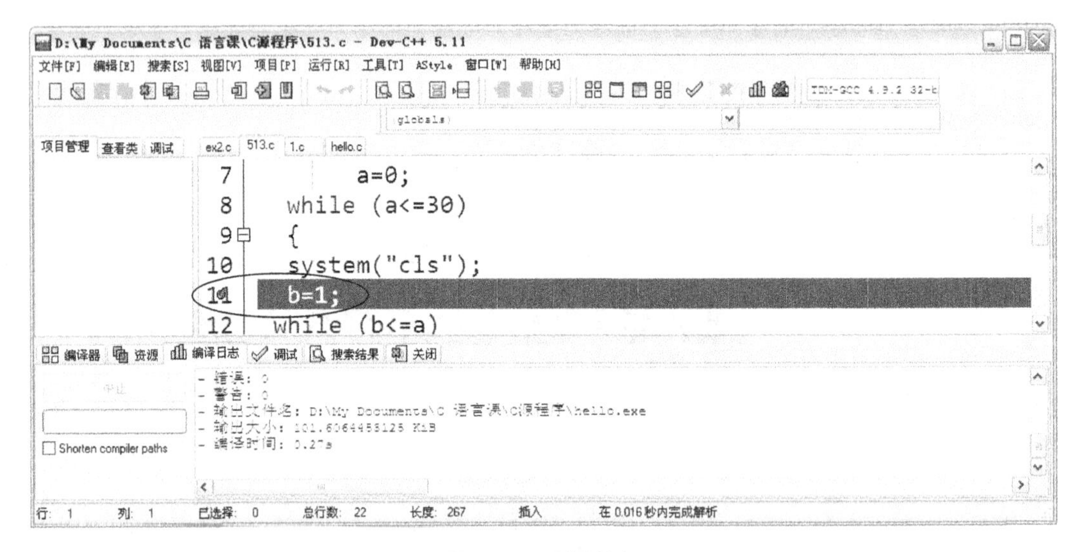

图 1-13 设置断点

2）开始调试(debug)

按 F5 键(或单击“运行”菜单→“调试”命令)开始调试。如果没有把“产生调试信息”设置为 Yes，Dev-C++会提示工程中没有调试信息，如图 1-14 所示。单击“Yes”按钮，Dev-C++会自动把“产生调试信息”设置为 Yes，并且重新编译工程。

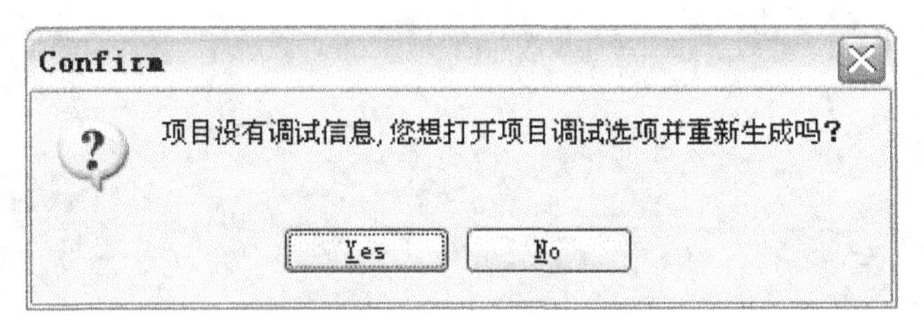

图 1-14 没有调试信息提示框

如果 Dev-C++运行出错，则需重新打开，并单击“工具”→“编译器选项”命令，在“代码生成/优化”选项卡下单击“连接器”，并把“产生调试信息”改为“Yes”，然后单击“确定”按钮，如图 1-15 所示。

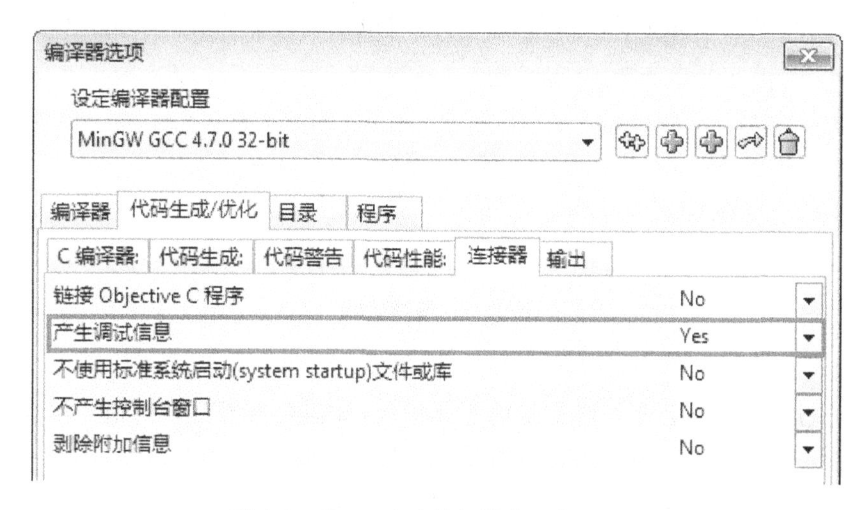

图 1-15　Dev-C++编译器选项窗口设置

程序重新编译之后，开始运行(通常会弹出一个终端窗口)。运行到断点处会暂停。这时需要手工调整一下 Dev-C++窗口的大小和位置，如图 1-16 所示，以便能够同时看到编辑器和终端窗口。

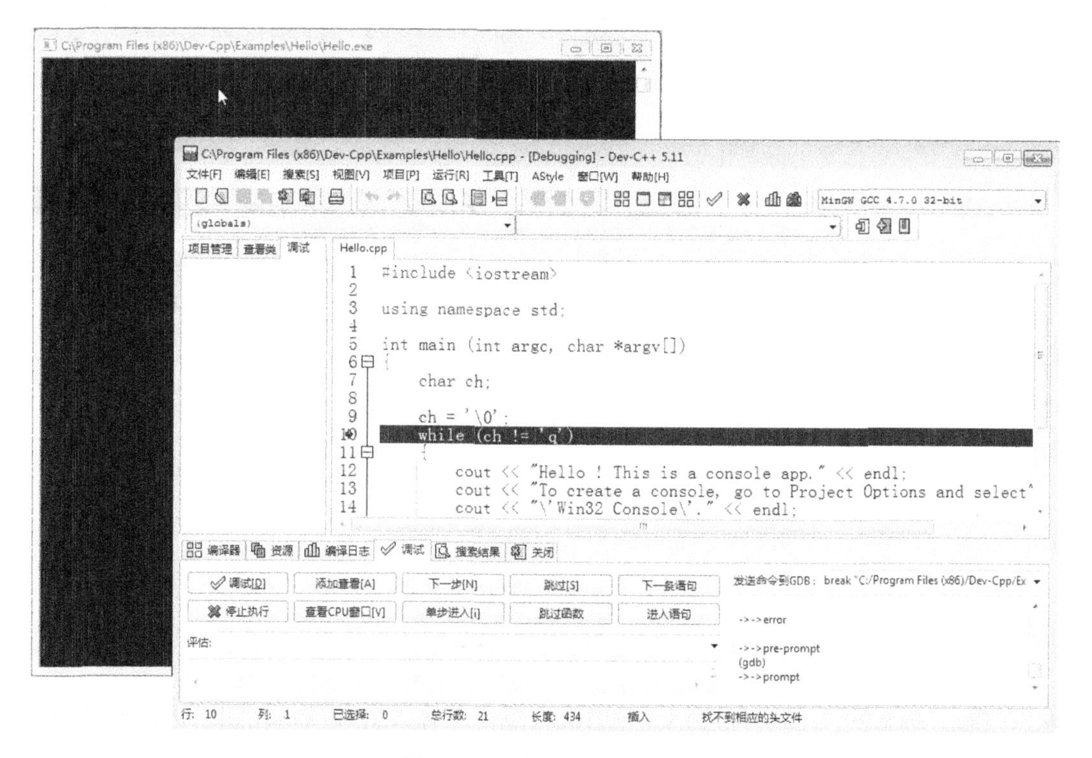

图 1-16　编辑器和终端窗口

注意：此时会自动显示调试面板（见图 1-17），可以用鼠标单击其中的按钮执行相应的调试操作。其中重要的是“下一步”按钮（F7）和“单步进入”按钮（F8）。灵活运用这两个按钮，配合下面所说的“查看变量的值”，进行分析，从而判断程序中是否存在逻辑错误。

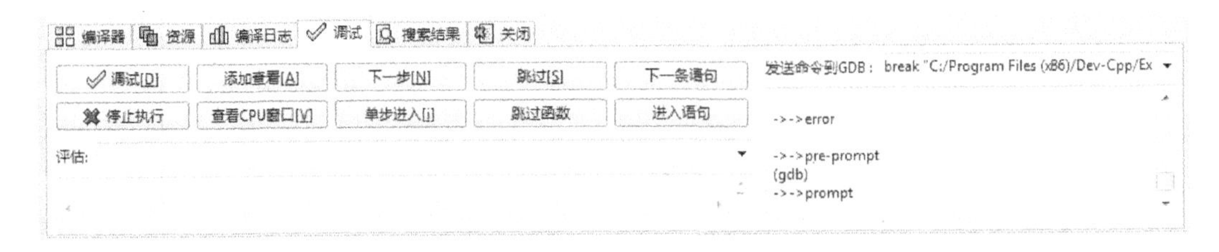

图 1-17　调试面板

3）查看变量的值

开始调试后，常常有必要查看变量的变化情况，即需要查看变量的值。添加查看的方法有：

（1）在调试面板（见图 1-17）中单击“添加查看”按钮；

（2）在程序左边的调试窗格中单击鼠标右键，选择“添加查看”命令（见图 1-18）。

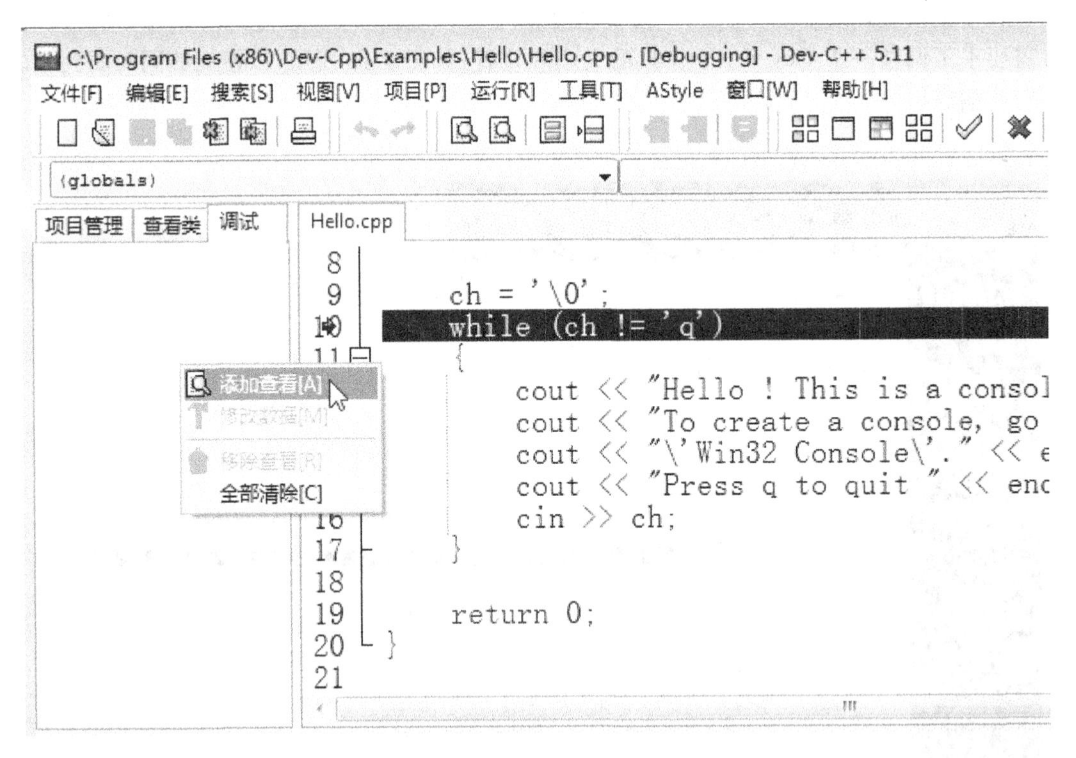

图 1-18　右键菜单中的“添加查看”命令

在弹出“新变量”对话框（见图 1-19）中输入想查看的变量名，然后单击“OK”按钮，就可以在调试窗口中看到该变量的值。

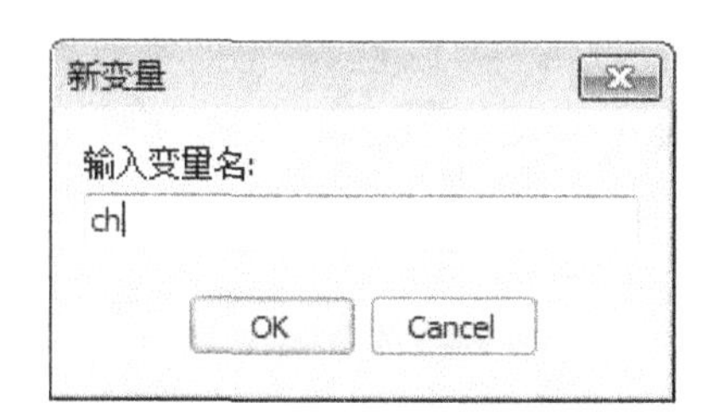

图 1-19 “新变量”对话框

小提示

当您想查看指针指向的变量的值的时候,添加变量时应输入星号及指针变量名(如 * pointer)。如果没加 *,看到的将会是一个地址,也就是指针的值。

除此之外,调试过程中也可以在源文件中选中变量名,并在所选变量名上单击鼠标右键,在右键菜单中选择“添加查看”命令。

如果在“工具”菜单的“环境选项”中选择了“查看鼠标指向的变量”,用鼠标指向想要查看的变量一小段时间,该变量就会被添加到调试窗口的监测列表中。

实际情况下,需要灵活使用上述调试方法对程序进行调试,通过观察、分析运行过程和变量值的变化,判断程序中所存在的逻辑问题,并修改程序以清除这些问题,从而使程序实现预想的功能。

三、在 VC++ 6.0 的环境中建立和运行程序

从网上下载 VC++ 6.0 完整绿色版后,在计算机中找到 VC++ 6.0 的压缩文件,将其解压缩到合适的文件夹,打开解压缩后的文件夹,双击 sin 批处理文件(见图 1-20),在桌面上生成了 VC++ 6.0 的快捷方式图标,双击此图标即可进入 VC++ 6.0 集成开发环境,如图 1-21 所示。

1. 建立新程序

VC++ 6.0 的许多菜单和命令与 Windows 操作系统中程序窗口的是相似的,这里不一一介绍,下面主要介绍几个常用的功能。

在图 1-21 所示的主窗口中,单击“文件”菜单→“新建”命令,屏幕上弹出“新建”对话框,如图 1-22 所示。单击“文件”选项卡,选择“C++ Source File” 选项,然后在对话框的右边选择一个合适的存储路径(如图中的 D:\C 源程序),输入文件名(如图中的 hello.c)。这个后缀.c 表示建立的是 C 源程序,若不加,则默认的文件后缀名是.cpp,表示建立的是 C++ 源程序。

单击“确定”按钮,返回主窗口,此时窗口的标题栏中显示当前编辑的程序名 hello.c,如图 1-23 所示。在光标闪烁的位置,就可以输入前面我们举例的第一个程序了。

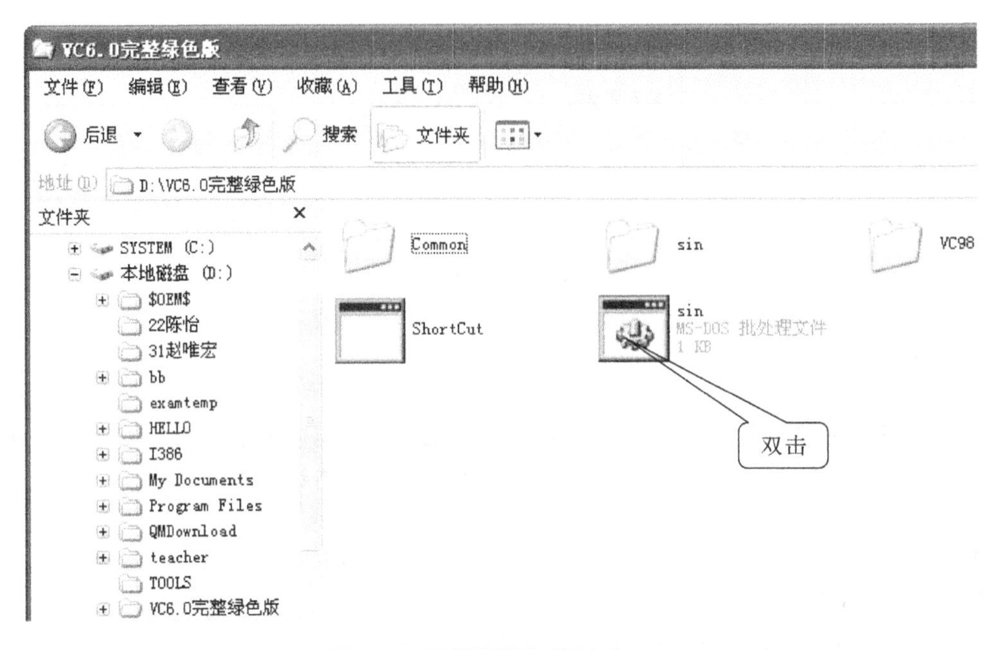

图 1-20　解压缩后的 VC++ 6.0

图 1-21　VC++ 6.0 主窗口

输入程序时我们会发现，C 语言的包含命令 #include 会变成蓝色，注释会变成绿色，这样我们在输入错误时马上就会发现，便于检查和改正。完成 C 语言程序输入后，单击“保存”按钮，保存文件。

2. 编译、连接和运行

程序自己检查无误后，就要让编译器来检查。单击“组建”菜单→“编译”命令，或单击工

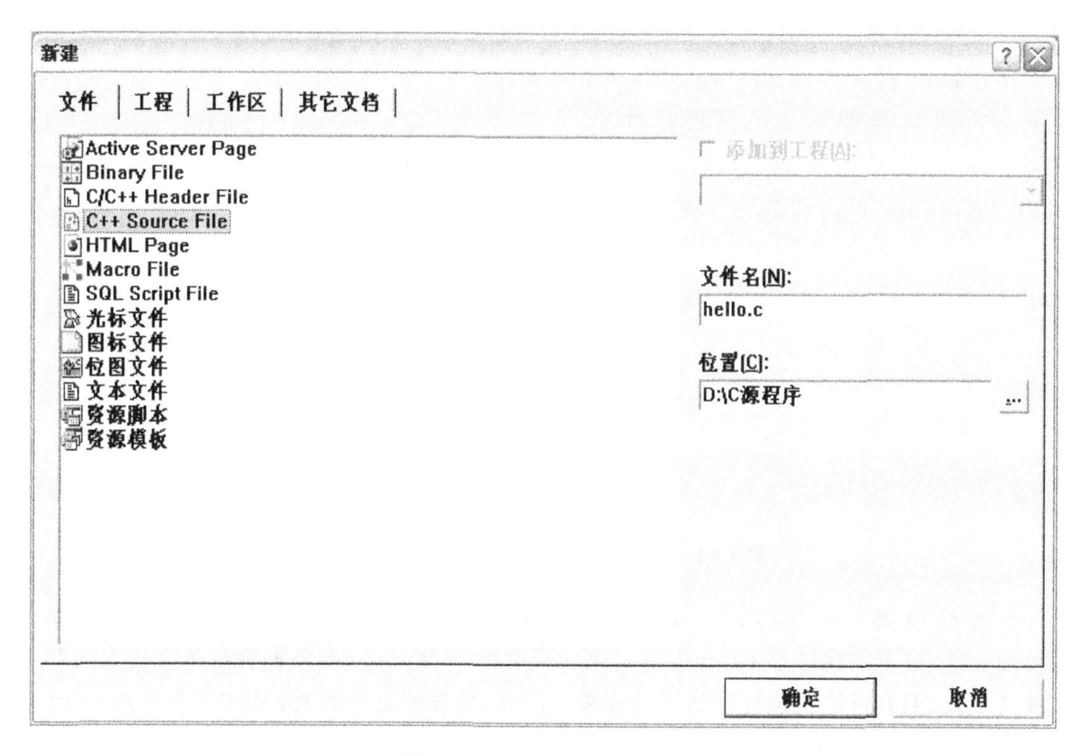

图 1-22 新建文件选项窗口

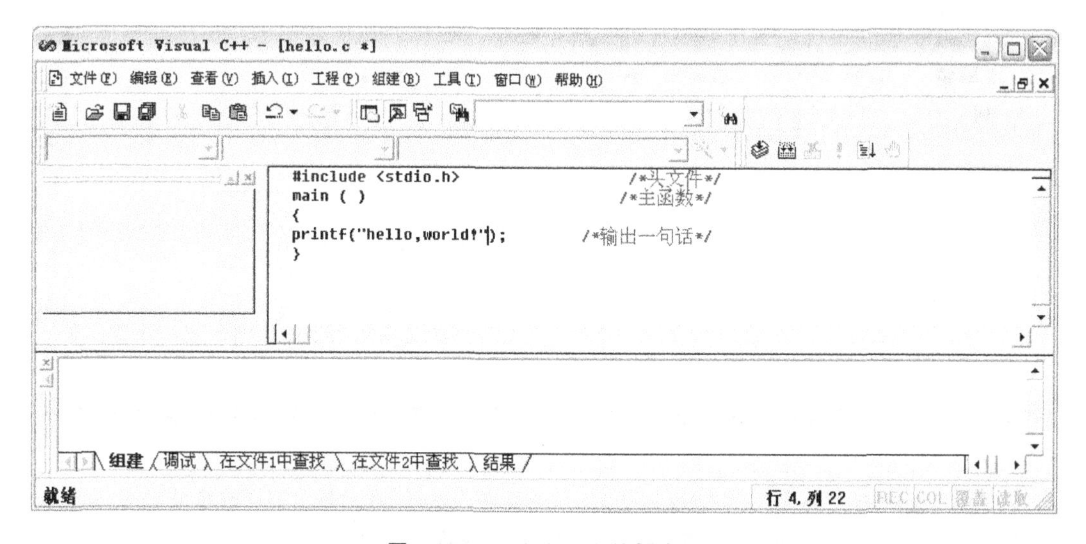

图 1-23 VC++ 6.0 编辑窗口

具栏上的“编译”图标，也可按快捷键 Ctrl＋F7。此时会弹出图 1-24 所示的对话框，单击“是”按钮。

编译结束后，系统就会在主窗口下部的调试信息窗口输出编译的信息。如果程序中存在语法错误，就会指出错误的位置和性质，并统计错误和警告的个数，如图 1-25 所示。语法

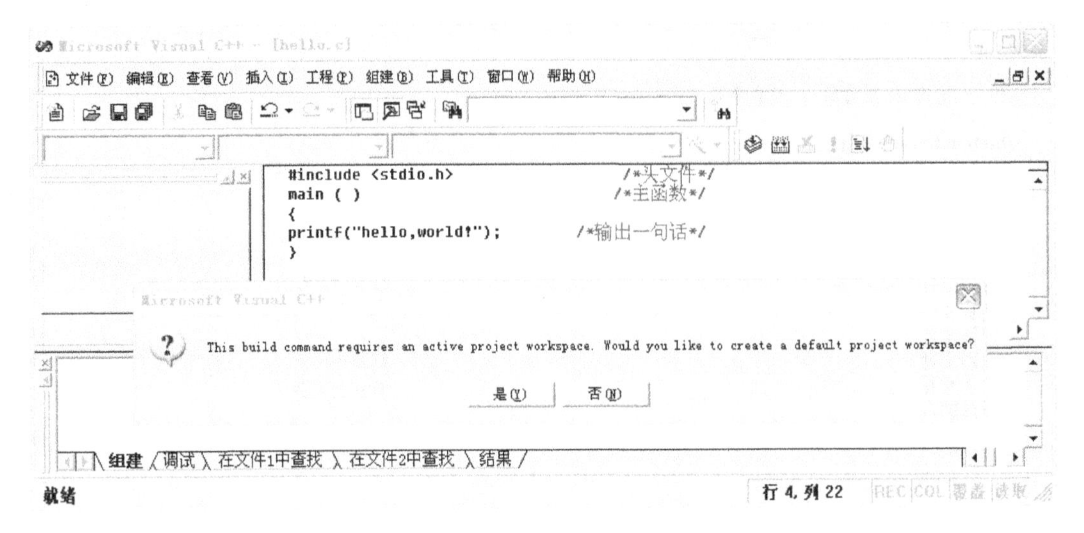

图 1-24　编译源程序时产生的工作区消息框

错误分为 error 和 warning 两类。error 是一类致命错误，程序中如果有此类错误，则无法生成目标文件，更不能执行。warning 则是相对轻微的一类错误，不会影响目标文件及可执行文件的生成，但有可能影响程序的运行结果。因此，建议最好把所有的错误(无论是 error 还是 warning)都一一修正。

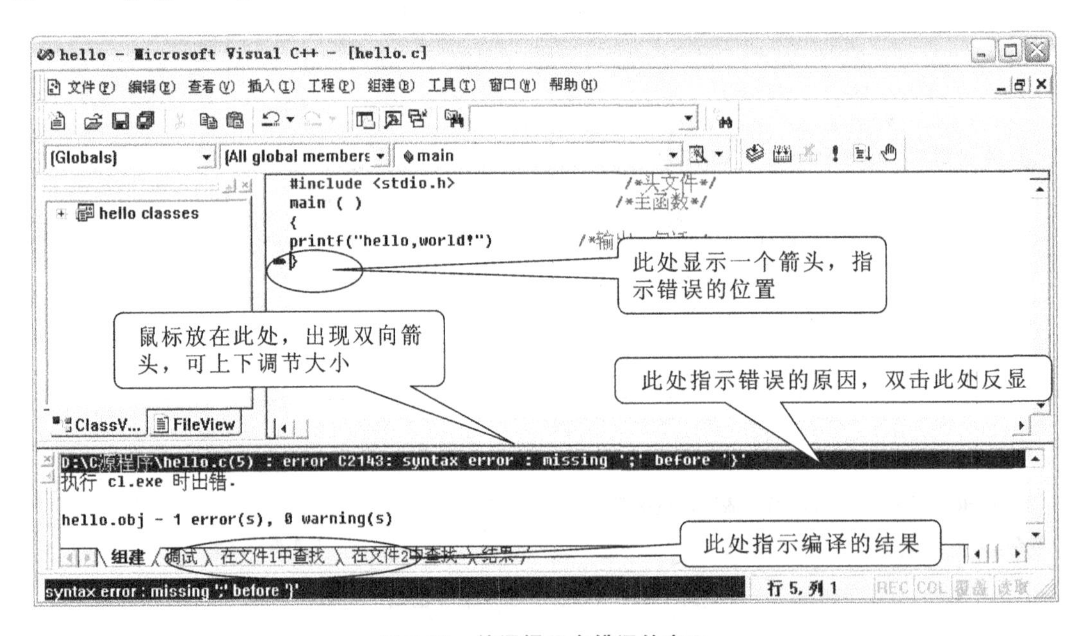

图 1-25　编译提示有错误的窗口

如果编译没有错误，在得到目标程序(如 hello.obj)后，就可以对程序进行连接了，单击“组建”菜单→“组建”命令或直接按 F7 键，或单击工具栏上的“组建”图标，生成应用程序的

.exe 文件(如 hello.exe)。

最后一步,就是运行程序了。单击"组建"菜单→"执行"命令或直接按 Ctrl+F7 键,或单击工具栏上的"执行"图标。此时,系统将会弹出一个新的 DOS 窗口,如图 1-26 所示。在本教材中,教大家编写的程序都是这样的"黑窗口",与我们平时使用的软件不同,它们没有漂亮的界面,没有复杂的功能,只能看到一些文字,这就是控制台程序,它与 DOS 非常相似,早期的计算机程序都是这样的。第一行就显示了让计算机说的话:hello,world!。"Press any key to continue"这个信息是系统自动加的。如果读者不想让这个信息紧挨着程序输出的结果,要换一行显示,怎么办呢?只要在程序中加字符"\n"就行了,如图 1-27 所示。

图 1-26 hello.c **运行的结果**

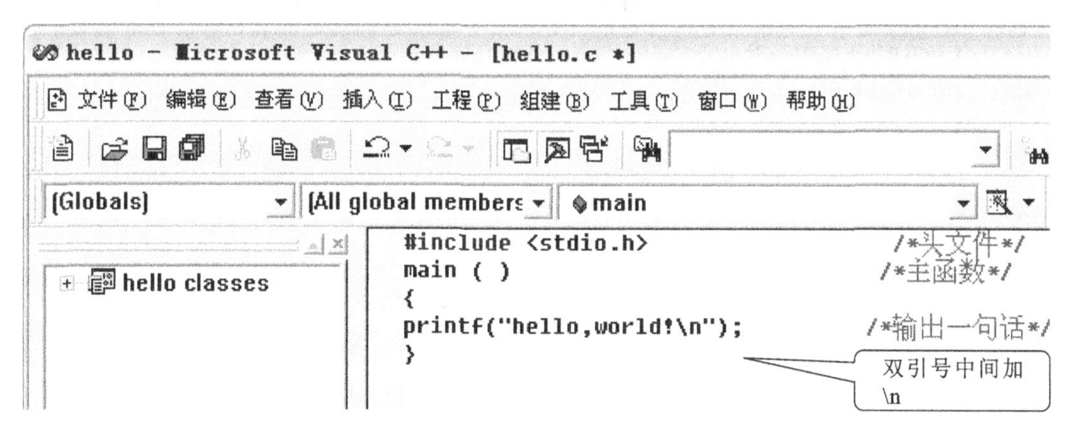

图 1-27 增加换行符的图示

运行后结果如图 1-28 所示,说明"\n" 加在 printf 中的功能就是让输出的信息换行。

图 1-28 增加换行符后的程序运行结果

3. 关闭程序工作区

当第一个程序编译连接后，VC＋＋ 6.0 系统自动产生相应的工作区，以完成程序的运行和调试。若需要执行第二个程序，必须关闭前一个程序的工作区。

单击“文件”菜单→“关闭工作空间”命令即可。

【拓展延伸】

VC＋＋ 6.0 窗口卡壳的处理

VC＋＋ 6.0 窗口卡壳是经常遇到的问题，此时“编译”与“执行”工具按钮均为浅色显示，处于不能使用状态。一般情况下，首先要将程序代码选中并复制，然后通过按 Ctrl＋Alt＋Del 组合键调出任务管理器并结束 VC＋＋ 6.0 任务，再次启动 VC＋＋ 6.0 后，重新创建工程和文件，并将代码粘贴到其中，继续修改调试即可。

【动手试一试】

(1) 利用网络，整理出 C 语言的发展历史。

(2) 利用网络，整理出 C 语言的标准。

(3) 下面这段代码是让计算机在屏幕上输出“你好”，其中有 4 处错误，请改正。

```
#include <stdio.h>
int mian ( )
{
print(你好)
return 0;
}
```

(4) 输出下列两个图形。

```
                *                              A
                * *                            I*
*               * * *                          I* *
* *             * * * *                        I* * *
* * * * * * * * * * * * * * * *                I* * * *
* *             * * * *                        I* * * * *
*               * * *                          I
                * *                            I
                *                              I
```

(5) 请严格按下列格式编辑程序并运行，观察程序运行的结果，体会 C 语言对代码格式的要求。

```
#include <stdio.h>
int main (void)
{
printf("C语言,我学习,我喜欢! 我成功!\n") ;
printf   ("C语言,我学习,我喜欢! 我成功!\n") ;
printf
("C语言,我学习,我喜欢! 我成功!\n") ;
printf(
"C语言,我学习,我喜欢! 我成功!\n"
) ;
printf (     "C语言,我学习,我喜欢! 我成功!\n"    ) ;
return 0;
}
```

项目2　从鸡兔同笼问题开始——C语言基础

学习目标

1. 知识目标

(1) 掌握常量和变量的概念及使用。

(2) 掌握 C 语言的基本数据类型。

(3) 掌握各种数学运算符的使用方法。

(4) 掌握数学表达式转换成 C 语言的表达式的方法。

2. 能力目标

(1) 能够定义和使用变量。

(2) 能够通过赋值语句为变量赋值和输出变量的值。

(3) 能够根据运算符的优先级和结合性计算表达式的值。

(4) 能够应用 Dev-C++进行 C 程序的编辑、编译和执行。

任务 1　常量与变量

【任务描述】

编写一个 C 语言程序来解答鸡兔同笼问题。

【任务导入】

我国有个非常有名的古典数学题:鸡兔同笼问题。问题的题目是这样的:

有若干只鸡和兔同在一个笼子里,从上面数,有 16 个头;从下面数,有 40 只脚。问笼中各有几只鸡和兔?

从数学上解这个问题非常容易,解法如下。

设:鸡数量为 x,兔数量为 y,总头数为 $h=16$,总脚数为 $f=40$。列出两个方程:

$$\begin{cases} x+y=h \\ 2x+4y=f \end{cases}$$

解得:$y=\dfrac{f-2h}{2}$,$x=y-h$ 。

这个问题如果用C语言编程让计算机来解，该怎么做呢？

【任务分析】

根据解题过程的描述，首先需要设未知数。在C语言中设未知数就是要定义变量。那么定义变量就涉及命名的问题。C语言中对标识符的命名是如何规定的，这是必须要了解和掌握的。

【相关知识】

一、C语言的字符集和词汇

任何一种语言都有自己的符号、单词及构成语句的语法规则。C语言作为计算机的一种程序设计语言，也有自己的字符集、标识符及命名规则。只有学习、遵从它们，才能编写出符合要求的程序来。

1. C语言字符集

字符是组成语言的最基本的元素，C语言字符集由字母、数字、空格、标点和特殊字符组成。在字符常量、字符串常量和注释中还可以使用汉字或其他图形符号。由字符集中的字符可以构成C语言的语法成分，如标识符、运算符、关键字等。

(1) 字母：a～z、A～Z。

(2) 数字：0～9。

(3) 空白符：是空格符、制表符、换行符的统称。空白符只在字符常量和字符串常量中起作用。在其他地方出现时，只起间隔作用，编译程序对它们忽略不计。因此，在程序中使用空白符与否，对程序的编译不发生影响，但在程序中适当的地方使用空白符将增加程序的清晰性和可读性。

(4) 下划线、标点和运算字符：C语言标点和运算字符如表1-1所示。

表1-1　C语言标点和运算字符

字　符	名　称	字　符	名　称	字　符	名　称	字　符	名　称
,	逗号	( )	圆括号	\	反斜杠	/	除号
.	圆点	[ ]	方括号	～	波浪号	+	加号
;	分号	{ }	花括号	#	井号	−	减号
?	问号	< >	尖括号	%	百分号	=	等号
'	单引号	>	大于号	&	与	|	竖线
"	双引号	<	小于号	^	异或	_	下划线
:	冒号	!	惊叹号	*	乘号		

2. C 语言的词汇

就像英文字母构成英文单词一样，上述的字符集组成了 C 语言的词汇。在 C 语言中使用的词汇分为六类：标识符、关键字、运算符、分隔符、注释符、常量。

1）标识符

在程序中凡是用来标记变量名、函数名、文件名、标号的字符序列称为标识符。除库函数的函数名由系统定义外，其余都由用户自定义。就像我们的姓名一样，C 语言的标识符构成也有规范标准。C 语言规定，标识符由首部和其他部分构成。在 C 语言中，首部就相当于我们的姓，其他部分就相当于我们的名。C 语言规定，标识符只能是由字母（A～Z，a～z）、数字（0～9）、下划线（ _ ）组成的字符串。首部（姓）必须是字母或下划线，其他部分（名）没有要求。另外，大、小写字母是不同的字符。

为了理解标识符各个部分的差异，举个例子：在给孩子取名字的时候，姓名必须是汉字，姓还必须是百家姓里的一个。标识符也是如此，首部和其他部分都是命名符号，首部还要求一定不能是数字。

2）关键字

关键字就是 C 语言系统自己保留的标识符。所有的关键字都有固定的含义，不能用做其他用途，只能小写。就像我们生活中“警察”类的词语，一旦有人冒用，就会受到严厉的惩罚。C 语言中的关键字如表 1-2 所示。

表 1-2　C 语言中的关键字

auto	break	case	char	continue	const	default	do
double	else	enum	extern	float	for	goto	if
int	long	register	return	short	signed	sizeof	static
struct	switch	typedef	unsigned	union	void	volatile	while

3）运算符

C 语言中含有相当丰富的运算符。运算符、变量与函数一起组成表达式，表示各种运算功能。

4）分隔符

在 C 语言中采用的分隔符有逗号和空格两种。逗号主要用在类型说明和函数参数表中分隔各个变量。空格多用于语句中的各单词之间，做间隔符。

5）注释符

前面已介绍。

6）常量

下文介绍。

二、数据的变与不变——变量、常量

从前面鸡兔同笼的问题我们知道，有些数据在整个解题过程中是不能变的，比如总头数16和总脚数40。有的量是会变的，比如鸡和兔的只数是随给出的头数和脚数而变的。再如，当需要计算圆的面积时，事先圆的半径是不知道的。半径是变化的，计算出来的圆的面积也是随着圆的半径而不断变化的。然而，计算过程中有一个量是一直不变的，那就是圆周率3.141 592 65。在C语言中，把计算中不变的量叫作常量，变化的量叫作变量。

三、整型常量

在鸡兔同笼问题中，无论是已知条件还是计算出的结果，在数学上都是整数。另外，从计算机原理可知，计算机对整数运行速度是最快的。故C语言中必须有整型数。首先，对于常量来说，C语言中规定有十进制整数，如123、－65、0。除此之外，还允许有八进制和十六进制整型常量。八进制数前面加0，以示与十进制整数区别，如037；十六进制数前面加0x或0X，如0x1AF（注意：不小心可能会误写成018这样的非法数据来）。

四、整型变量的定义及赋值

在前面鸡兔同笼问题中解题时，首先要设未知数。不设未知数无法列方程，另外不同的未知数要由不同的名字来表示。由于计算机解决问题的方法和过程是人通过编程来实现的，故编程时也要设未知数，这个未知数就是前面所述的变量。同样，变量也要有名字。其命名规则就严格按前面介绍的标识符命名规则进行就可以。

在C语言中规定所有的变量必须先定义后使用。那么，整型数据怎么定义呢？整数在英文中是integer，因此C语言中最常用的就是用int来定义，就是integer的简写。

```
int  chicken;
int  rabbit;
int  head;
int  foot;
```

这四句话后面的四个单词就是我们给这四个变量起的名字，当然也可以用其他名字，例如x、y、h、f等。

这四句话都是同一个意思：在内存中找四块区域，分别命名为chicken、rabbit、head、foot，用它们来存放整数。

注意最后的分号，因为表达了完整的意思，是一个语句，要用分号来结束。当然这四句话表达了同一个意思，故可合并为一句话：

```
int  chicken,rabbit,head,foot;
```

后四个单词之间必须用逗号相间隔，这就是语法规定。不能改成用顿号相间隔，读者要体会这一点。

不过“int head;”这句话仅仅是在内存中找了一块可以保存整数的区域，那么如何将16

这样的数字放进去呢？

C语言中向内存中放整数的语句为：

```
head=16;
```

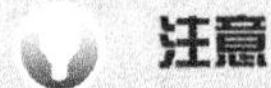

数学中 head＝16 和 16＝head 是一回事。但在C语言中却不能反过来写。“＝”是一个新符号，它在数学中叫“等于号”，例如 1＋2＝3，但在C语言中，这个符号叫作赋值符(assign)。它类似于一个箭头“←”，意思是把“＝”号右边的内容给“＝”号左边的。第一次给变量赋值，也称变量的初始化，或者赋初值。

当然，也可以定义时同时赋初值：

```
int  chicken,rabbit,head=16,foot=40;
```

五、数学表达式的转换

在项目的数学解题过程中，在设完未知数后就列方程、解方程，得到鸡兔的未知数表达式。那么，在C语言中列方程、解方程的过程无法用它的词汇和语句表达出来，只有最后的数学表达式可以用C语言表达出来。但个别地方还要注意做简单的语法转换。

$rabbit=\frac{foot-2head}{2}$必须转换为 rabbit＝(foot－2 * head)/2，另一个式子 chicken＝head－rabbit 无须转换。

数学上 2head 和 2×head 是一回事，但是在C语言中 2head 必须用 2 * head 来表示。

六、在屏幕上显示整数——输出

经过计算程序计算出结果，是不是就完成了任务，程序结束了呢？千万不要忘记把程序结果输出来。前面项目1用过 printf，这里还要用它。根据我们前面所学的知识，我们只要把输出的内容放在双引号里面就可以了。比如输出兔的数量：

```
printf("rabbit");
```

此时，计算机会输出什么值呢？屏幕上出现的是 rabbit，而不是它的计算值。那如何将它的值输出来呢？下面对 printf 细讲。

printf 是 print format 的缩写，意思是“格式化打印”。这里所谓的“打印”就是在屏幕上显示内容，与“输出”的含义相同，所以我们一般称 printf 为格式化输出函数。

前面的计算让我们知道鸡、兔的数量是整数，而且是十进制整数，所以C语言规定用%d来指定输出整数，d是 decimal 的缩写。具体用法如下：

```
    printf ("%d\n",rabbit);
```

【任务实施】

鸡兔同笼问题的程序代码如下：

```
#include <stdio.h>
int main (void)
{
    int chicken,rabbit,head,foot;
    head=16;
    foot=40;
    rabbit=(foot-2*head)/2;
    chicken=head-rabbit;
    printf("rabbit=%d chicken=%d\n",rabbit,chicken) ;
    return 0;
}
```

程序运行结果如图 2-1 所示。

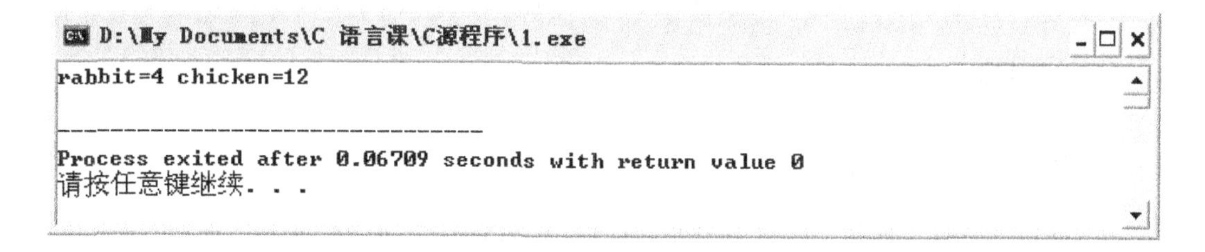

图 2-1 鸡兔同笼程序运行结果

【动手试一试】

(1) 假设要在程序中表示一个班学生的身高信息，你是打算使用常量还是变量呢？

(2) 声明定义一个变量，表示 7 月 8 日去海滨浴场的游客数。

(3) 下面这段代码是让计算机计算 456－123 的差。其中有 6 处错误，请改正。

```
#include <stdio.h>
int mian ( )
{
  int  a、b、c;
  a=456;
  b=123;
  a-b=c;
  printf("%d \n", c)
  return 0;
}
```

任务2 基本数据类型

【任务导入】

计算机有个最核心的工作，那就是运算，对什么进行运算呢？当然是对数据进行运算了。数学中的实数包括了整数，但C语言中单独设有整数；数学中还有分数、无理数等，那么C语言中是否也有类似的规定呢？计算机程序设计语言就是用来指导计算机进行运算的。因此，使用计算机语言进行编程的核心，就是操作数据。那么，C语言中的数据有哪些呢？

【任务分析】

C语言中的数据有三种基本的数据类型，分别是整型、实型、字符型。

【相关知识】

一、C语言基本数据类型

在C语言中，有三种基本的数据类型供选择，它们有着不同的精度和广度，可以根据自己的需要选择合适的数据类型。这三种数据类型分别是整型、实型、字符型，它们可谓是C语言数据的三大“变形金刚”。除此之外，C语言还提供了复杂数据类型，包括数组、指针、结构体、共同体和枚举。这些复杂数据类型是用户根据实际编程需要而定义的数据类型，因此又称为构造类型。

本章主要介绍基本数据类型，复杂数据类型将在后面的章节中学习。

1. 整型

数学中实数包括了整数，但C语言中却单独设有整数。其原因就是在计算机里，对整数的运算要远远快于对浮点数的运算。整型在C语言中是用来表示整数的，主要用符号int表示。在C语言中整型数据分得非常细，如表2-3所示。

表2-3 整数类型

整型数据	说明符	字节数	数值范围
基本整型	int	4	$-2^{31}\sim(2^{31}-1)$ 即 $-2\ 147\ 483\ 648\sim2\ 147\ 483\ 647$
短整型	short [int]	2	$-2^{15}\sim(2^{15}-1)$ 即 $-32\ 768\sim32\ 767$
长整型	long [int]	4	$-2^{31}\sim(2^{31}-1)$ 即 $-2\ 147\ 483\ 648\sim2\ 147\ 483\ 647$

续表

整型数据	说明符	字节数	数值范围
无符号整型	unsigned [int]	4	0～($2^{32}-1$)　即 4 294 967 295
无符号短整型	unsigned short[int]	2	0～($2^{16}-1$)　即 65 535
无符号长整型	unsigned long[int]	4	0～($2^{32}-1$)　即 4 294 967 295

注：① 表中的“[ ]”代表可选项。

② 表中是以 32 位的编译系统为例的，ANSI C 是以 16 位为标准的，int 和 unsigned 占 2 个字节。

在数学中只有整数一个类型，没有分这么细，为什么 C 语言中分得这么细呢？从计算机原理我们知道，计算机对整数的运算速度是最快的，所以对整数的运算最重视。仔细看一下表 2-3，我们会发现不同的类型差别在于字节数和数值范围不一样。计算机的程序都是在内存中运行的，而内存空间相对较宝贵，这样做就是为了节约计算机内存。所以，在设计时考虑有的整数不可能太大，比如人的年龄；有些数不可能为负，比如仓库的库存、某单位的职工人数。根据各种实际数的大小和性质，程序员可选择不同的类型。

但凡事都有利弊，这样做也带来了一个数据溢出的问题。看下面这个例子。

【例 2-1】 数据溢出的问题举例。

```
#include <stdio.h>
int main()
{     short int  a,b;        /*定义为 2 个字节的整型变量*/
      a=32767;
      b=a+1;
      printf("%d\n",b);
      return 0;
}
```

上机运行后，程序输出结果为：-32768。

两个正数之和变成了负数，这是怎么回事呢？下面有必要从数据在计算机中是以什么形式表示的问题开始解释。

从计算机原理我们知道，计算机要处理的信息是多种多样的，如十进制数、文字、符号、图形、音频、视频等，这些信息在人们的眼里是不同的。但对于计算机来说，它们在内存中都是一样的，都是以二进制的形式来表示的。也就是说，这些都是数据，数据在计算机中是以二进制形式表示的。

在 C 语言中为了能把加减法都统一成一种运算，对于整数，是以二进制补码(complement)来表示的。补码表示的规定如下。

(1) 对于正数，补码表示和原码表示是一样的。

(2) 对于负数，补码表示是绝对值的原码按位取反，然后再加 1。

以-5 为例来进行说明。

第一步　-5 是一个负数，按照规定(2)来进行。

第二步　-5 的绝对值为 5，按照 16 位原码(例题中 short int 是 2 个字节)表示形式如下：

|－5|＝5＝0000 0000 0000 0101

第三步　给|－5|的每位取反，结果如下所示：

|－5|取反＝1111 1111 1111 1010

第四步　给|－5|取反的结果再加 1：

－5 的补码＝|－5|取反＋1＝1111 1111 1111 1011

这就得到了－5 的补码，注意最高位成了 1，也就是说，通过最高位 0 为正、1 为负来判断。

补码表示有什么好处呢？

以 5 加－5 来看看计算机为何使用二进制的补码表示整数。我们都知道 5＋(－5)＝0，换成二进制是不是也是这个结果呢？假设使用 16 位补码来分别表示 5 和－5，即

5＝0000 0000 0000 0101

－5＝1111 1111 1111 1011

我们对每一位进行二进制的加法运算，逢二进一，最高一位的进位不作为最终结果，最后得到的结果为 0，和我们料想的一样。注意，我们是使用加法的规则来计算减法的，这就是补码的妙处所在。

再看例 2-1 中 32767 换算成 16 位二进制是 0111 1111 1111 1111，有

```
  0111 1111 1111 1111
 +                  1
─────────────────────
  1000 0000 0000 0000
```

从前面的规定我们知道，这个二进制数就是负数。既然是负数就按负数的补码来还原。

第一步　将 1000 0000 0000 0000 减 1 得到 0111 1111 1111 1111。

第二步　按位取反得到 1000 0000 0000 0000。

第三步　将这个二进制数转换成十进制数就是 2^{15}＝32768。

第四步　根据前述规定(2)，这个结果是某负数的绝对值，故程序在屏幕上显示 －32768。

综上所述，在给程序中定义变量时一定要注意变量的值的可能范围，既不能大也不能小。

2. 实型

实型又称浮点型。由于小数在计算机中的存储相对整数稍微复杂，本教材不做详解。C 语言中主要用实型来表示小数。

实型也有常量和变量之分。

对于实型常量有两种形式：

(1) 小数形式，例如 3.1415、－0.123、0.0045；

(2) 指数形式，例如数学中的 4.23×10^5，在 C 语言中表示为 4.23E5 或 4.23e5。

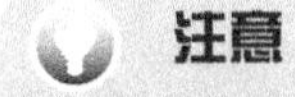

注意

字母 e(或 E)之前必须要有数字，且 e 后面的指数必须为整数。

实型变量分为单精度实型变量和双精度实型变量。它们的区别仅仅是表示的精度不一样，双精度的表示精度会更细点，并且表示的范围也会更大。

单精度型使用关键字 float 表示，双精度型使用 double 表示。

浮点型没有有符号和无符号的区别，都是有符号的，下面列表加以比较，如表 2-4 所示。

表 2-4　实数类型

数据类型	说明符	字节数	数值范围
单精度	float	4	$-3.4\times10^{-38}\sim3.4\times10^{38}$
双精度	double	8	$-1.7\times10^{-308}\sim1.7\times10^{308}$

注意

实型数据输出时，一般用%f。

3. 字符型

整数、小数在计算机中是数据，很多人都理解，但字符是数据，刚开始学语言的人往往不太理解。

我们知道，一个二进制位(Bit)有 0、1 两种状态，一个字节(byte)有 8 个二进制位，有 256 种状态，每种状态对应一个符号，就是 256 个符号，从 00000000 到 11111111。

计算机诞生于美国，早期的计算机使用者大多使用英文，20 世纪 60 年代，美国制定了一套英文字符与二进制位的对应关系，称为美国标准信息交换码(American standard code for information interchange)，简称 ASCII 码，沿用至今。

ASCII 码规定了 128 个英文字符与二进制位的对应关系，占用一个字节(实际上只占用了一个字节的后面 7 位，最前面 1 位统一规定为 0)。例如，字母 a 的 ASCII 码为 0110 0001(十进制数是 97)，那么可以理解为字母 a 存储到内存之前会被转换为 0110 0001，读取时遇到 0110 0001 也会转换为 a。

完整的 ASCII 码表请查看本书附录或网站 http://www.asciima.com/。

那么编程时要用到某个字符，比如“@”，难道我们要去 ASCII 码表查它的二进制形式吗？当然不用。我们想用某个字符时，直接在键盘上找到这个字符，将其输到程序里就行了。为了区别数字和数字字符(如电话号码、车牌号等)，就规定字符常量要在字符两边加上单引号'(英文输入状态下的符号)。

注意

字符只能是一个字母、数字、标点符号或者其他，而不能是两个字母、数字等这样的符号。

如' A '、' k '、' $ '、'+'、' 8 ' 都是符合规定的 C 语言字符常量，而像" A "、" k "、' kkk '、

'$100'、'80'、'8g'都是不合法的C语言字符常量。特别要注意'8'和8两者是不同的，'8'对应的ASCII码是56，而8就是一个整型常量，其值是8。

C语言中还有一种特殊的字符常量，就是转义字符，即与其后紧跟的字符表示其他的意思。

在C语言中，有一些字符是不能简单地通过类似a、b、+、-、* 这样的符号来表示的。如回车换行、退格，而这些都是在进行显示的时候必需的字符。C语言是通过转义字符来表示这些特殊的字符的。表2-5列出了C语言中支持的一些主要的转义字符及其相应的功能描述。

表2-5　常用转义字符及其功能描述

转义字符	功能描述	转义字符	功能描述
\n	换行	\\	反斜杠字符
\t	横向跳格，跳到下一个Tab区	\'	单引号字符
\b	退格	\"	双引号字符
\r	回车	\ddd	1～3位八进制数所代表的字符
\f	换页，将当前位置移到下页的开头	\xhh	1～2位十六进制数所代表的字符

对于表2-5中未列出的其他字符，遇到的时候再做详细的讲解，此处就不再赘述了。

字符变量的定义用关键字char来表示，是字符英文单词character的缩写。如：

```
char name;
```

由于字符常量只有一个字节大小，所以char定义的变量在内存中给出了一个字节的空间。字符变量赋值方法如下：

```
char name='A';
```

字符在内存中是以二进制表示的，而前面说过整型数也是以二进制的数来表示的，那么在本质上说明这二者是相通的。也就是说，字符数据与整型数据在一定条件下可以通用。通过ASCII码表可查字母A的ASCII码值是十进制数65，那么上述变量name也可赋值65，其结果应当是一样的。

【例2-2】 字符数据和整型数据之间的通用。

```
#include <stdio.h>
int main (void)
{
  char  c1;
  c1='a';
  printf("%c \n", c1) ;
  printf("%d \n", c1);
  return 0;
}
```

运行结果如图2-2所示。

将上述c1的赋值语句换为语句“c1=97;”，其他语句不变，再运行此程序，运行结果不变。

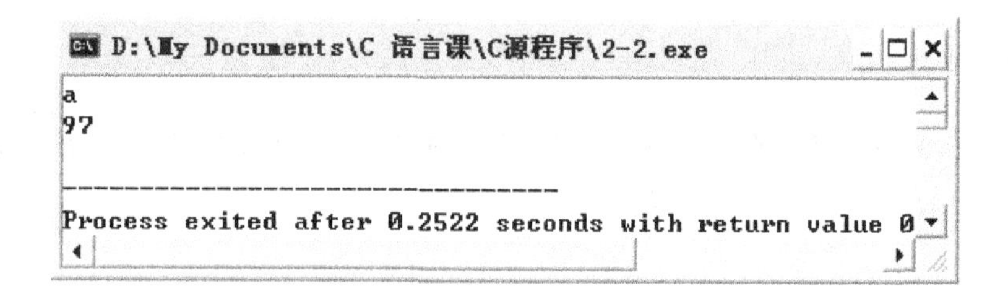

图 2-2 例 2-2 程序运行结果

【任务实施】

【例 2-3】 已知一个圆的半径,求圆的面积。

```
#include <stdio.h>
int main (void)
{
    float r,s;                  /*半径一般都是实数,面积自然也是实数*/
    r=2.53;                     /*半径赋值*/
    s=3.14*r*r;                 /* 计算*/
    printf("%f \n", s);         /*用%f按实数形式输出* /
    return 0;
}
```

运行结果如图 2-3 所示。

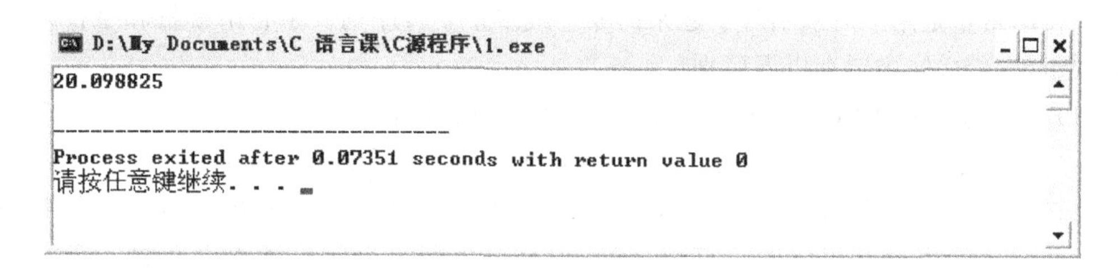

图 2-3 例 2-3 程序运行结果

【例 2-4】 大小写转换。

```
#include <stdio.h>
int main (void)
{
    char c1;
    c1='b';
    c1=c1-32;
    printf("%c \n", c1) ;
    return 0;
    }
```

注意

c1＝c1－32 的写法，在数学中是绝对错误的，但由于符号“＝”在 C 语言中是赋值符，是将右边的计算结果赋给左边，故可以这样写。

【拓展延伸】

一、Unicode 编码

随着计算机的流行，使用计算机的人越来越多，不仅仅限于美国，整个世界都在使用，这个时候 ASCII 编码的问题就凸现出来了。

ASCII 编码只占用 1 个字节，最多只能表示 256 个字符，我国 10 万多个汉字怎么表示，日语、韩语、拉丁语怎么表示？所以 20 世纪 90 年代又制定了一套新的规范，将全世界范围内的字符统一使用一种方式在计算机中表示，这就是 Unicode 编码（unique code），也称统一码、万国码。

Unicode 是一个很大的集合，现在的规模可以容纳 100 多万个符号，每个符号对应的二进制都不一样。Unicode 规定可以使用多个字节表示一个字符，例如 a 的编码为 0110 0001，一个字节就够了，汉字“好”的编码为 01011001 01111101，需要两个字节。

二、字符串常量

字符串常量是用一对双引号引起来的零个或多个字符序列。字符串常量和字符常量是不同的量，它们之间主要有以下区别。

(1) 字符常量由单引号引起来，字符串常量由双引号引起来。

(2) 字符常量只能是单个字符，字符串常量则可以含一个或多个字符。

(3) 可以把一个字符常量赋予一个字符变量，但不能把一个字符串常量赋予一个字符变量。在 C 语言中没有相应的字符串变量，但是可以用一个字符数组来存放一个字符串常量。

(4) 字符常量占一个字节的内存空间。每一个字符串常量结尾都有一个\0（由系统自动加上），这是字符串结束的标志。但在测试字符串长度时不计算在内，也不输出。

三、sizeof 运算

sizeof 用来计算数据所占用的内存空间，以字节计。如果忘记了某个数据类型的长度，可以用 sizeof 求得，请看下面的代码。

【例 2-5】 用 sizeof 求数据类型的长度。

```
#include <stdio.h>
int main(void)
{
```

```
        int m=290;    float n=23;
        char ch='a',
        printf("int=%d\n", sizeof(m));
        printf("float=%d\n", sizeof(n));
        printf("double=%d\n", sizeof(double));
        printf("char=%d\n", sizeof(ch));
        printf("23=%d\n", sizeof(23));
        printf("14.67=%d\n", sizeof(14.67));
        return 0;
    }
```

输出结果如图 2-4 所示。

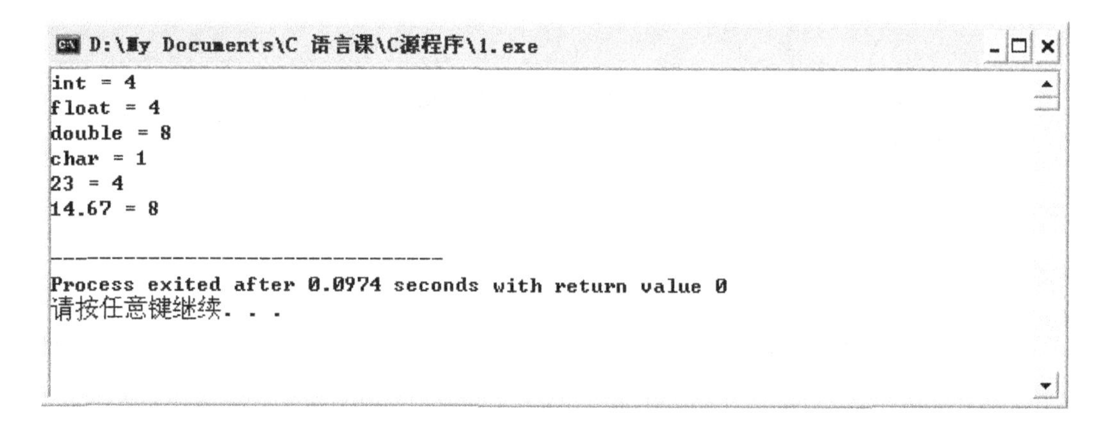

图 2-4　例 2-5 程序运行结果

sizeof 的操作数既可以是变量、数据类型，还可以是某个具体的数据。细心的读者会发现，sizeof(14.67) 的结果是 8，因为小数默认的类型是 double。

【动手试一试】

(1) 下列程序是计算两个整数 10、30 之和。

```
#include <stdio.h>
int main(void)
{
  short int a,b,sum;
  a=10;
  b=30;
  sum=a+b;
  printf("sum=%d\n",sum);
  return 0;
}
```

观察对变量 a,b 赋予不同的数据时，输出变量内容的变化。若计算三个整数之和(11＋22＋33)，程序该如何修改？

(2) 下面这段代码是计算 1.2×1.5。其中有 4 处错误，请改正。

```
#include <stdio.h>
int main(void)
{
  int a,b,product;
  a=1.2;
  b=1.5;
  product=ab
  printf("product=%f\n");
  return 0;
}
```

(3) 下面这段代码是计算 4 个数的和。其中有 4 处错误，请改正。

```
#include <stdio.h>
int mian(void)
{
int sum;
sum=10+12+13+14
print("The answer is %d\n",sun);
return 0;
}
```

(4) 编辑以下程序：要求完成以下各步骤，并分析结果。

```
#include <stdio.h>
int main(void )
{
   char c1,c2;
   c1='x';c2='y';
   printf ("%c ,%c\n",c1,c2);
   return 0;
}
```

① 编译并运行该程序，查看结果。

② 在此基础上增加一个语句“printf ("%d,%d\n",c1,c2);”，再运行，查看结果。

③ 将第④行改为“int c1,c2;”，再运行，查看结果。

④ 将第⑤行改为“c1=x,c2=y;”，再编译，查看是否有错。

⑤ 将第⑤行改为“c1="x",c2="y";”，再编译，查看是否有错。

⑥ 将第⑤行改为“c1=300,c2=400;”，再运行，查看结果。

任务3 C语言中的基本数学运算

【任务导入】

上个任务我们学习了C语言的三种基本数据类型的常量和变量的定义，下面就可以结合实际项目来对数据进行运算了。数学中的各种运算是不是在C语言中还能用？需要对C语言的运算符号做详细的了解。

【任务分析】

数学中的运算是从算术运算开始的，C语言中除了数学上常用的加、减、乘、除外，还有求余、自增自减等运算，这些运算的优先级以及组成的表达式的运算规则需要掌握。

【相关知识】

一、数学运算符、数学运算表达式和优先级

C语言中的基本数学运算主要有以下两类：

(1) 算术运算，主要有加、减、乘、除和求余；

(2) 位运算，有左移、右移、与、或、取反、异或。

算术运算主要是对常用的八进制数、十进制数和十六进制数的运算。这些运算在数学上经常用到。位运算主要是对不常见的二进制数的运算，由于它们是直接操作二进制数的，因此效率往往比算术运算高得多。

C语言使用一些符号来表示这些运算，如之前讲的使用'＝'来表示赋值运算。对于基本数学运算，每种运算对应的符号，也被称为操作符，如表2-6所示。

表2-6 C语言的运算符

符号	运算符说明	示例	结合方向	说明
＋	正号	＋a	自右向左	一元运算符
－	负号	－a	自右向左	一元运算符
＋	加法	a＋b	自左向右	二元运算符
－	减法	a－b	自左向右	二元运算符
*	乘法	a * b	自左向右	二元运算符

续表

<table>
<tr><th>符号</th><th>运算符说明</th><th>示例</th><th>结合方向</th><th>说明</th></tr>
<tr><td>/</td><td>除法</td><td>a/b</td><td>自左向右</td><td>二元运算符</td></tr>
<tr><td>%</td><td>求余或求模</td><td>a%b</td><td>自左向右</td><td>二元运算符</td></tr>
<tr><td>～</td><td>按位求反</td><td>～a</td><td>自右向左</td><td>一元运算符</td></tr>
<tr><td><<</td><td>左移</td><td>a<<2</td><td>自左向右</td><td>二元运算符</td></tr>
<tr><td>>></td><td>右移</td><td>a>>2</td><td>自左向右</td><td>二元运算符</td></tr>
<tr><td>&</td><td>按位与</td><td>a&b</td><td>自左向右</td><td>二元运算符</td></tr>
<tr><td>^</td><td>按位异或</td><td>a^b</td><td>自左向右</td><td>二元运算符</td></tr>
<tr><td>|</td><td>按位或</td><td>a|b</td><td>自左向右</td><td>二元运算符</td></tr>
</table>

在表 2-6 中的数学运算符，按照操作数的个数，可分为一元运算符、二元运算符、三元运算符，也称单目运算符、双目运算符、三目运算符。

由运算符连接起来的式子称为运算表达式。

每个表达式都是有值的，而且这个值是按照常量来处理的。对于数学运算表达式，它的值就是数学运算的结果。

C 语言中规定了在表达式求值时，须按运算符的优先级的高低次序进行。对于算术运算而言，基本和数学的规定相同，遵循先括号内后括号外，先乘、除、求余运算后加减运算的运算优先级。

C 语言规定了运算符有两种不同的结合方向。

● 左结合：当参与运算的数据两侧的运算符优先级相同时，运算顺序为自左至右。

C 语言规定算术运算符遵循左结合的规则。

例如，计算算术运算表达式 a＋b－c 时，运算符“＋”和“－”具有相同的优先级，所以先执行 a＋b，其结果再和 c 相减。

● 右结合：当参与运算的数据两侧的运算符优先级相同时，运算顺序为自右向左。

C 语言提供的运算符中有少量运算符遵循右结合的规则。

二、整除和求余运算

算术运算中简单的加减、乘法的含义与运算规则与数学中的是相同的，我们已经非常熟悉了，这里就不再多讲，在此只着重讲除法运算和求余运算。

1. 除法运算

如果相除的两个数中有一个实数，结果为实数。例如：1.0/2 结果是 0.5，7.0/3.0 结果是 2.333。C 语言规定，如果是两个整数相除，商取整，舍弃小数。例如：1/2 结果是 0，7/3 结果是 2，－10/3 结果是－3。

2. 求余运算

C语言规定，只有两个整数才能进行求余运算。例如：1%2结果是1，2%3结果是2，7%3结果是1。

三、赋值运算符和复合赋值运算符

1. 赋值运算符

前面已经讲过赋值运算符“=”的用法，它的作用是将一个数据赋给一个变量。

赋值运算符的优先级比算术运算符、关系运算符和逻辑运算符低，其结合性为自右向左。

由赋值运算符组成的表达式为赋值表达式。

例如：执行程序段

```
int a,b;
a=b=3;
a=a-5;
```

执行语句“a=b=3;”，实际上完成两次赋值运算。由于赋值运算符是右结合，故第一次把3赋给赋值运算符左边的变量b，第二次再把b的值赋给左边的a，赋值后，a的值为3。再执行语句“a=a-5;”，赋值运算符右边的表达式a-5的运算结果为-2，将-2赋给a。最后，变量a的值变为-2。

2. 复合赋值运算符

算术运算和赋值运算可以构成一种复杂的运算符——复合赋值运算符。

复合赋值运算符的格式：算术运算符=。

所以，+=、-=、*=、/=、%=都是复合赋值运算符。

下面的例子说明了复合赋值运算符的运算规则。

表达式a+=5等价于a=a+5。

表达式a*=4-b等价于a=a*(4-b)。

表达式a%=b-1等价于a=a%(b-1)。

从其功能上看，写代码的时候完全可以不使用复合赋值运算符，使用一般的简单数学运算符和赋值运算符就能完成任务。但采用这种运算符可简化程序的书写，使程序更为精练。

四、自增、自减运算符

C语言提供了两个特殊的运算符，通常在其他计算机语言中是找不到的：自增运算符++和自减运算符--。它们都是单目运算符，运算的结果是使变量值增或减1。它们都具有右结合性。它们的操作数只能是变量，不能是常量和表达式，可以有以下几种形式。

左自增　++i　　相当于：在使用i之前，先执行i=i+1，使i的值加1。

右自增　i++　　相当于：先使用i，后执行i=i+1，使i的值加1。

左自减　－－i　　　相当于：在使用 i 之前，先执行 i=i－1，使 i 的值减 1。

右自减　i－－　　　相当于：先使用 i，后执行 i=i－1，使 i 的值减 1。

从功能上看，纯粹的自增（自减）运算，也就是自增（自减）不与其他运算结合，只是一个简单表达式的形式。这个时候，左自增（左自减）和右自增（右自减）运算的效果是相同的，都是先对“变量”加 1（减 1），然后将结果赋值回“变量”。

自增（自减）与其他运算结合的情况，见下例。

【例 2-6】 自增（自减）运算示例。

```
#include <stdio.h>
int main(void )
{
   int a=4,b=4;
   printf("%d  %d\n",a--,--b);
   printf("%d  %d\n",a--,--b);
   printf("%d  %d\n",a--,--b);
   printf("%d  %d\n",a--,--b);
   return 0;
}
```

运行结果如图 2-5 所示。

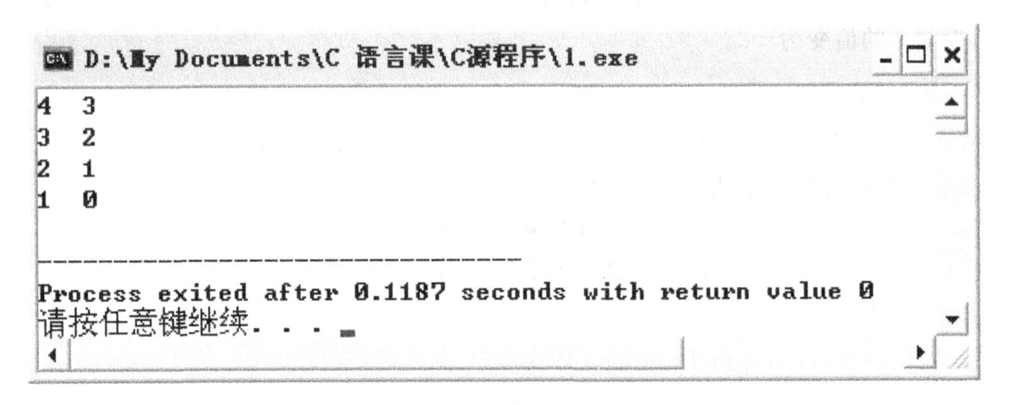

图 2-5　例 2-6 程序运行结果

【例 2-7】 自增（自减）运算示例。

```
#include <stdio.h>
int main(void )
{
   int i=10,j;
   float pi=3.14,pa;
   j=i++;
   pa=++pi;
```

```
        printf("j=%d, pa=%f\n",j,pa);
        printf("i=%d, pi=%f\n", i++,--pi);
        return 0;
    }
```

运行结果如图 2-6 所示。

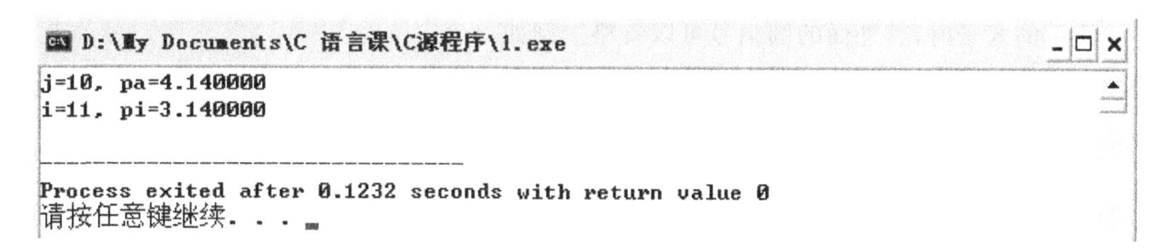

图 2-6　例 2-7 程序运行结果

五、逗号运算

C 语言中，有时逗号“,”可看作一种运算符，称为逗号运算符。逗号运算符的功能是把两个表达式连接起来，使之构成一个逗号表达式。逗号运算符在所有运算符中是级别最低的。其一般形式为：

表达式 1,表达式 2,…,表达式 n

求解的过程是：先计算表达式 1，再计算表达式 2，依次计算表达式的值，最后整个逗号表达式的值就是表达式 n 的值。

六、位运算

由于位运算直接对二进制表示进行操作，因此其效率远远高于对其他进制表示的算术运算，但相对复杂，本教材不做介绍，后续课程有需要的再参考其他教材。

七、数据类型转换

在数学运算中，对于同一种类型数据的运算，之前见到很多了，但是，对于不同类型数据的运算，至今还没有接触到。当不同类型的数据进行混合运算时，必须先将数据转换成同一类型，然后再进行运算。数据类型转换分为自动类型转换和强制类型转换。

1. 自动类型转换

自动类型转换是由编译系统按类型转换规则自动完成的。就是说，我们写出运算表达式后系统自动完成的，我们只要了解其转换规则就行了。转换规则如图 2-7 所示，总结成一句话：两个长度不一样的变量运算，结果是长字节。

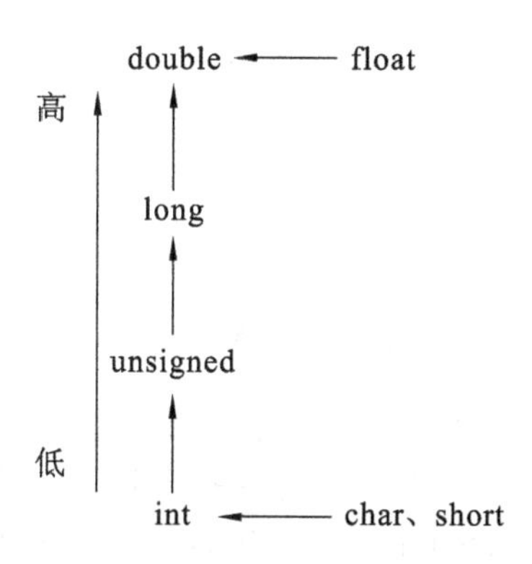

图 2-7　自动类型转换规则

2. 强制类型转换

强制类型转换是由程序员在程序中用类型转换运算符明确指明的转换操作。其一般形式为：

(类型名)(表达式)

功能是将表达式结果的类型转换为第一个圆括号中的数据类型。当被转换的表达式是一个简单的式子时，其外面的圆括号可以省略。例如：

```
(double)m        /*表达式外面的圆括号可以省略*/
(int)  (a+b)
(float)  5/2     /*表达式外面的圆括号可以省略*/
(float)  (5/2)
```

【任务实施】

【例 2-8】 对于给定的一个三位正整数，按逆序输出。

```
{
  int a=789,b;              /*以正整数 789 为例*/
  b=a%10;                   /*求出个位数字*/
  printf("%d",b);           /*输出个位数字*/
  a/=10;                    /*舍弃个位数字*/
  b=a%10;                   /*求出十位数字*/
  printf("%d",b);           /*输出十位数字*/
  a/=10;                    /*舍弃十位数字*/
  printf("%d\n",a);         /*输出百位数字*/
  return 0;
}
```

运行结果如图 2-8 所示。

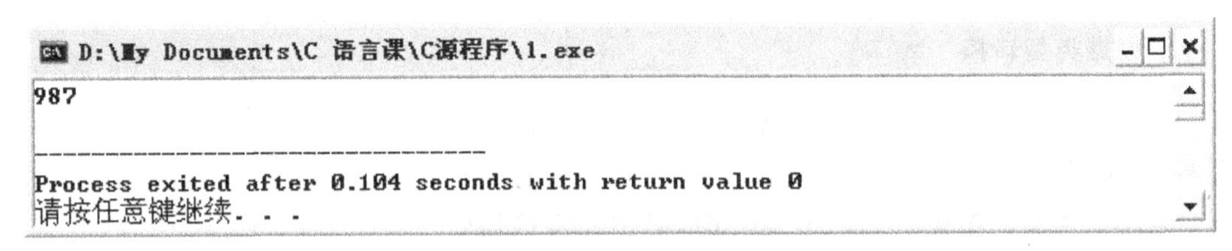

图 2-8 例 2-8 程序运行结果

【动手试一试】

(1) 一个简单的通信加密方法。例如，要将“China”加密的方法是：用原来字母后面的第 4 个字母代替原来的字母。例如，字母“A”后面第 4 个字母是“E”，用“E”代替“A”。因此，“China”应译为“Glmre”。接收方接到此信息后，再反过来译码。请编写一个程序，用赋初值的方法将接收到的单词“Glmre”还原成发送方的单词，并输出。

如果发送方的原单词为'L'、'O'、'V'、'E'，按此加密规律后又输出什么呢？

(2) 分析下面程序的结果，并上机验证。

```
#include <stdio.h>
int main(void)
{
  int i,j,m,n;
  i=8;  j=10;
  m=++i;
  n=j++;
  printf("i=%d, j=%d, m=%d, i=%d\n",i,j,m,n);
  return 0;
}
```

思考与练习

一、选择题

1. 在下列字符列中，合法的标识符是(   )。

A. p12&.a　　B. stud_100　　C. water$12　　D. 88sum

2. 下列(   )是合法的整型常量。

A. －18　　B. 068　　C. 0011　　D. －12,345

3. 下面4个选项中，均是合法浮点数的选项是(   )。

A.	B.	C.	D.
＋1e＋1	－.60	123e	－e3
5e－9.3	12e－4	1.2e－.4	.8e－4
03e2	－8e5	＋2e－1	5.e－0

4. 以下选项中合法的C语言字符常量是(   )。

A. '\082'　　B. 'ok'　　C. '\x43'　　D. "B"

5. 如果知道球的半径，计算球的体积，应使用合法的C语言表达式(   )。

A. v＝4/3πr3　　B. v＝4/3 * 3.1415 * r * r * r

C. v＝4/3 * π * r * r * r　　D. v＝4.0/3 * 3.1415 * r * r * r

6. C语言中，运算对象必须是整型数的运算符是(   )。

A. %　　B. \　　C. %和\　　D. * *

7. 以下程序的输出结果是(   )。

```
main()
{  int x=10,y=10;
   printf("%d%d\n",x--,--y);
}
```

A. 10 10　　B. 9 9　　C. 9 10　　D. 10 9

8. 若X和Y都是int型变量，X＝100，Y＝200，且有下面的程序片段：

```
printf("%d",(X,Y));
```

上面程序片段的输出结果是（　　）。

A. 200　　B. 100

C. 100　200　　D. 输出格式符不够，输出不确定的值

9. 若变量已正确定义并赋值，下面符合C语言语法的表达式是（　　）。

A. a:=b+1　　B. a=b=c+2

C. int 18.5%3　　D. a=a+7=c+b

10. 若有以下程序段：

```
int  c1=1,c2=2,c3;
c3=1.0/c2*c1;
```

则执行后，c3中的值是

A. 0　　B. 0.5　　C. 1　　D. 2

二、填空题

1. C语言的基本数据类型分为________、________和________。

2. C语言的关键字都用________（大写或小写）。

3. 在C语言中，任一语句必定以________结束。

4. 代数式−2ab+b−4ac改写成C语言的表达式为：________。

5. 方程y=(x+3)(2x−4)改写成C语言的表达式为：________。

6. 设a为int型变量，则执行表达式a=36/5%3后，a的值是________。

7. 已知字母d的ASCII码为100，且设c为字符型变量，则以下执行语句的输出为________。

```
printf("%c", 'd'+'7'-'3');
printf("%d\n", 'd'+'7'-'3');
```

8. 若定义“int m=8,y=3;”，则执行“y *=y+=m −=y;”后，y的值是________。

9. 若定义“int a;”，则表达式(a=4*5,a*2),a+6的值是________。

10. 以下程序的运行结果是________。

```
int main(void)
{
    int x=15,y=10;
    printf("%d\n",y=x%y);
}
```

项目3 计算体重指数——顺序程序设计

学习目标

1. 知识目标

(1) 了解C语言的语句知识。

(2) 掌握格式化输入/输出函数的语法及使用方法。

(3) 理解C语言程序的三种基本结构，掌握顺序结构程序的编写方法。

2. 能力目标

(1) 能够熟练地根据数据处理需求描述合适数据类型的常量，定义合适数据类型的变量。

(2) 能够熟练地根据数据处理需求正确编写表达式。

(3) 具备赋值、输入和输出顺序结构程序设计的基本能力。

(4) 培养程序设计人员耐心、细致、追求完美的基本素质。

【项目描述】

体重指数计算器是一个人的体重与身高之比值，知道它很重要，可以了解你的健康情况，你的体重是不是正常体重、超重体重或肥胖等。只需要输入身高与体重，即可计算出你的体重质量指数(BMI)。本任务要求先显示有关体重指数的信息，然后输入身高和体重，最后计算出体重指数。为了信息的完整，最好能显示姓名和年龄，如图3-1所示。

任务1 C语言中的格式化输出printf函数

【任务导入】

从上述项目描述可知，输出信息是项目中非常重要的一部分。而C语言对输出格式信息通常用printf函数来实现。

【任务分析】

该任务需要解决三个问题：如何显示有关体重指数的信息；如何通过键盘输入信息；如何进行数学运算，结果输出后，文字要按一定格式输出。

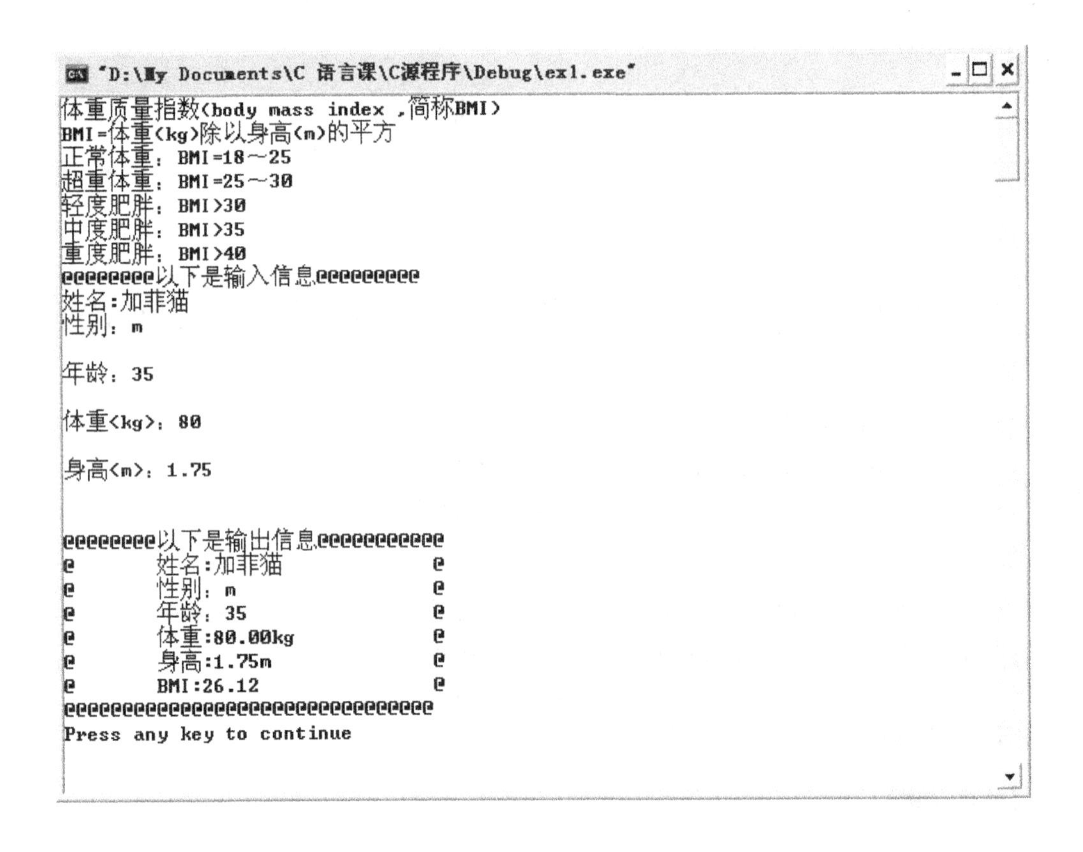

图 3-1　体重指数计算器显示信息

（1）显示有关体重指数的信息，使用 printf 函数来实现。

（2）从键盘接收数据。C 语言提供的标准输入函数很多，但根据任务接收数据的类型，选用 scanf 函数，该函数不但能输入实型数据，还能输入整型和字符型数据。

（3）平方的运算可以用乘运算代替，而乘除的运算可用“*”“/”来实现，最后的结果可用 printf 函数来实现。

【相关知识】

格式化输出函数:printf 函数

一个完整的程序包括三段:输入、计算、输出。程序就像一个工厂生产产品的过程一样：先采购原材料，然后处理加工，最后将产成品送给客户。信息的输出要使用 printf 函数，我们前面就使用过它，但 printf 函数还有很多功能没有介绍。在前面章节的基础上，这里深入介绍 printf 函数的使用方法。

1. printf 函数的一般化形式

```
printf(格式控制,输出列表);
```

格式控制部分是用双引号引起来的字符串。其中，最多有三种字符：一般字符（也称为

修饰字符)原样输出;由%和格式字符组成的格式说明符;以"\"开始的转义字符。例如下列语句:

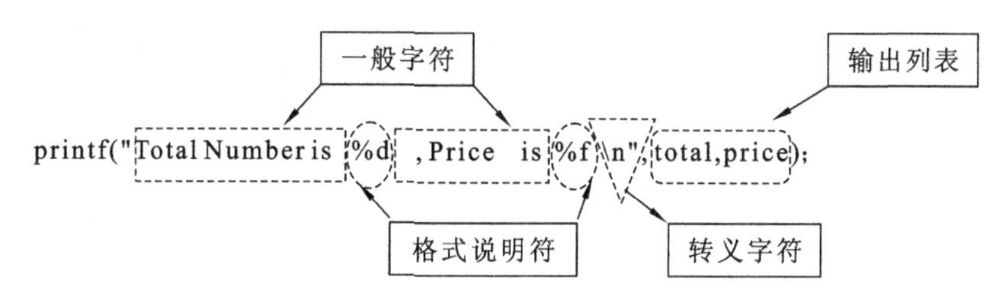

上述语句中,修饰字符就是矩形虚框中的部分,格式说明符就是椭圆形虚框中的部分,转义字符就是三角形虚框中的部分。

输出列表就是圆角矩形虚框中的部分,它在格式控制部分的后面,用一个逗号相隔。输出列表可以由表达式组成,也可以由变量组成。注意:格式控制部分出现了几个由"%"组成的格式说明符,输出列表中就需要有几个表达式与之对应,如下所示:

```
printf("……%d  ……  %f……",第一个表达式,第二个表达式);
```

我们前面接触过%d、%f、%c,那么%后还可以跟哪些字符呢?如表3-1所示。

表3-1　常用的printf( )格式字符

格式字符	说　　明
d	以十进制形式输出带符号的整数(正数不输出符号)
u	用来输出unsigned(无符号型)整数
l	用来输出long(长整型)整数,可加在格式符d,o,x,u前面
o	以八进制无符号形式输出整数
x, X	以十六进制无符号形式输出整数
c	用来输出单个字符
s	用来输出一个字符串
f	用来输出实数,隐含输出6位小数
e,E	以指数形式输出实数,数字部分小数位数为6位

注意

格式说明符必须和对应输出数据类型一致。

2. 设置整数最小宽度的输出:%md和%-md(m是正整数)

在一个表格中,整数的位数有时不确定,为了数据能对齐,就可以使用此功能。例如%5d:5是指一个整数指定占的位数,如果实际位数不足,在左边补齐空格;如果待输出数的位数大于指定的位数,按实际的位数输出。%-5d与%5d的区别在于,如果一个数不足指定的位数,在右边补齐空格。

3. 指定实数的小数位数和宽度：%m.nf、%－m.nf 和%.nf（m、n 是正整数）

实型数据输出一般用%f，输出结果是小数点后输出 6 位小数，不足 6 位小数的用 0 补齐。但在实际工作中，很多情况下不需要这么高的精度，比如银行存款的余额、某种货物的重量。这时%.nf 就是指定小数点后输出 n 位。当然，还有和整数一样的输出格式美观的要求，可以同时指定输出实型数据的宽度。如%10.2f：10 是指包括小数点在内输出的宽度，不足指定的位数，在左边补齐空格；2 就是小数点后输出 2 位。

4. 指定字符串输出格式：%ms、%－ms

对于字符串输出，也可以指定占用的最小宽度，使程序输出更美观。例如：一个字符串“Hello world!”占 12 个字符宽度，如果指定格式输出%20s，则会在左边补齐 8 个空格；而如果是%－ms，则在右边补齐 8 个空格，其他情况一样。

【任务实施】

【例 3-1】 printf( )函数中输出格式控制符的应用。

```
#include <stdio.h>
int main (void)
{
   int  a=11,b=22,c;
   float  y=123.456;
   c=a+b;
   printf("1234567890123456789\n");
   printf("%d %5d %-5d %d \n ",a,a,a,a);
   printf("%d\n",c);
   printf("%d+%d=%d \n",a,b,c);
   printf("y=%f\n",y);
   printf("%-10.2f%10.2f \n",y,y);
   printf("%.2f%10.2f \n",y,y);
  printf("%-10s%10s \n ","Shanghai","Shanghai");
   return 0;
}
```

程序运行结果如图 3-2 所示。

```
D:\My Documents\C 语言课\C源程序\hello.exe
1234567890123456789
11    1111   11
33
11+22=33
y=123.456001
123.46     123.46
123.46          123.46
Shanghai      Shanghai
```

图 3-2 例 3-1 程序运行结果

程序运行结果说明：

第1行printf( )是原样输出，方便后几行的字符对齐。

第2行printf( )%d是按实际宽度输出；%5d是右对齐，左边补3个空格；%－5d是左对齐，右边补3个空格。

第3行printf( )直接输出变量c的值。

第4行printf( )加上了辅助字符，使输出的结果更加容易理解。

第5行printf( )%f以小数方式输出y的值，默认小数占6位，不足的以0补齐。由于y的值为123.456，故应输出123.456000。但由于不同计算机存储数据的误差，小数最后一位可能稍有不同。

第6行printf( )%.%－10.2f是左对齐，包括小数点在内共10个字符宽度，不足部分在数据后用空格补齐，其中小数点后输出2位(对原数据4舍5入)；%10.2f就是右对齐，包括小数点在内共10个字符宽度，不足部分在数据前用空格补齐。

第7行printf( )%2f只需保证小数点后输出2位即可。

第8行printf( )%s表示以字符串格式输出"Shanghai"。%－10s是左对齐，%10s是右对齐，不足的部分以空格补齐。

【动手试一试】

(1) 先写出下列程序的运行结果，然后运行程序验证并体会。(□表示一个空格)

```
#include <stdio.h>
int main(void)
{
  int a=3,b=4;
  printf("%d%d\n",a,b);
  printf("%d,%d\n",a,b);
  printf("%d□%d\n",a,b);
  printf("%3d%4d\n",a,b);
  printf("a=%db=%d \n",a,b);
  printf("a=%3db=%4d \n",a,b);
  return 0;
}
```

(2) 先写出下列程序的运行结果，然后运行程序验证并体会。

```
#include <stdio.h>
int main(void)
{
float  x=321.456 ,y=-127.985;
printf("%f%f\n",x,y);
printf("%d,%d\n",x,y);
printf("%d %d\n",x,y);
printf("%10.2f%10.2f\n",x,y);
printf("%.2f%10.2f\n",x,y);
printf("x=%fy=%f \n",x,y);
```

```
printf("x=%10.2fy=%10.2f \n",x,y);
return 0;
}
```

（3）设 a=3,b=4,c=5,x=1.2,y=2.4,z=－4.8,u=51274,n=128765,c1='a',c2='b'。

如果希望程序运行后得到以下的输出格式和结果，请编写程序实现之。（□表示一个空格）

a=□3□b=□4□c=□5

x=1.200000,y=2.400000,z=－4.800000

x+y=□3.60□□y+z=－2.40□□z+x=－3.60

u=□51274□n=□128765

c1='a'_or_97(ASCII)

c2='b'_or_98(ASCII)

注：各变量的值在编程定义变量类型时以赋初值方式给出，两个数的和应该是计算机自动计算的结果。

任务 2　C语言中的格式化输入 scanf 函数

【任务导入】

一个程序就好像一台机器，上个任务我们学习的格式输出函数 printf 就相当于生产出的产品如何包装运输。显然，这个机器还需要有原料的输入，否则无法生产出产品。在本项目中被测的人的性别、年龄、身高、体重等多种格式的信息也需要输入。在 C 语言中有一个函数来实现此功能，此函数就是 scanf 函数。

【任务分析】

scanf 函数能完成从键盘接收数据的功能，该函数不但能输入整型数据，还能输入实型数据和字符型数据。

【相关知识】

格式化输入函数：scanf 函数

在体重指数计算器的项目中，信息的格式输出已经通过 printf 函数完成了。但人的性别、年龄、体重和身高等信息尚未输入到计算机中，所以计算机还无法完成计算。当然，我们可以通过赋值语句为变量赋值的方法把人的性别、年龄、体重和身高等信息输入到计算机中。但这样做出的计算器不够人性化，每换一个人，都需要修改我们的C语言代码，然后重新编译运行，才能得到结果，很显然这样的计算器是没有人喜欢用的，那么我们如何让使用者自己任意输入自己的性别、年龄、体重和身高等信息，就可以直接得到结果呢？

我们知道，让计算机说话是用printf；那么让计算机学会听是用什么呢？scanf将会把听到的内容告诉给程序。scanf中的f代表format。scanf函数称为格式化输入函数，即按用户指定的格式从键盘把数据输入到指定的变量中。

1. scanf函数的一般化形式

```
scanf(格式控制,地址列表);
```

与printf函数一样，格式控制部分是用双引号引起来的字符串。其中，最多有三种情况：由%和格式字符组成的格式说明符；一般字符（修饰字符）原样输入；空白字符（空格、Tab键和\n）。例如下列语句：

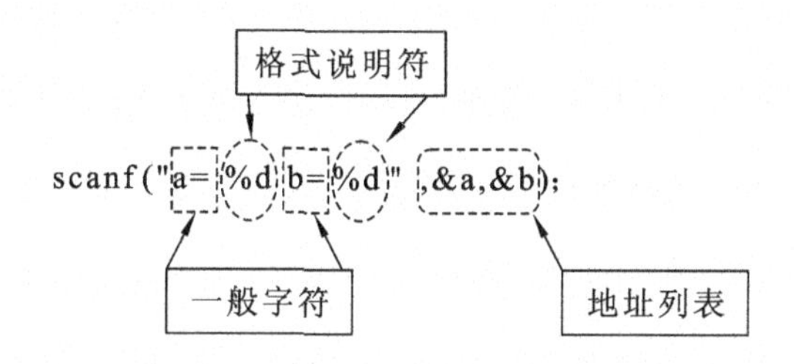

上述语句中，修饰字符就是矩形虚框中的部分；格式说明符就是椭圆形虚框中的部分；地址列表就是圆角矩形虚框中的部分，地址列表中给出各变量的地址，地址是由地址运算符“&”后跟变量名组成的。

下面通过例3-2计算任意三个整数的和来说明scanf函数的使用方法。

【例3-2】 计算从键盘输入的任意三个整数的和。

```
#include <stdio.h>
int main (void)
{
    int a,b,c,sum;
    scanf("%d%d%d ",&a,&b,&c);
    sum=a+b+c;
    printf("%d\n",sum);
    return 0;
}
```

这个程序运行后，会出现黑屏，只有光标在闪烁，千万不要认为程序出问题了，这实际上是程序在等待用户输入数据。由于格式控制是连续三个%d，根据C语言的规定：%d%d%d格式要求必须输入3个十进制整数，而且整数之间可以使用一个或多个空格、回车键或Tab键来间隔。可按下列方式输入：

（1）数据之间用一个空格分隔：

11□22□33↙

说明：□表示空格键；↙表示回车键。

（2）数据之间用多个空格分隔：

11□□22□□□□33↙

（3）数据之间用一个或多个 Tab 键分隔：

11→22→→→33↙

（4）数据之间用一个或多个回车键分隔：

11↙

22↙

33↙

（5）数据之间用空格、Tab 键或回车键任意组合分隔：

11□→↙

22→□□□→

↙

↙

33↙

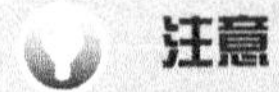

注意

连续三个%d 格式的输入数据之间不能用如逗号、分号等其他方式分隔。

但如果在程序中格式控制部分是下列格式：

scanf("%d,%d,%d ",&a,&b,&c);

那么用户输入数据时就必须用逗号相隔，否则出错。

11,22,33↙

前面的例题程序运行后，出现了黑屏，只有光标在闪烁，没有任何提示，按照上述方式正确输入后，程序能得到正确的结果。这种情况编写程序的人用起来方便，但用户用起来不方便，即人性化设计不够好。下面对上述代码做一些改进。

【例 3-3】 计算从键盘输入的任意三个整数的和。

```
#include <stdio.h>
int main (void)
{
    inta,b,c,sum;
    printf("请输入三个整数,整数之间用空格相隔:\n");
    scanf("%d%d%d",&a,&b,&c);
    sum=a+b+c;
```

```
    printf("%d\n",sum);
  return 0:
  }
```

运行后，将先出现下列一行信息，如图 3-3 所示。

```
D:\My Documents\C 语言课\C源程序\1.exe
请输入三个整数，整数之间用空格相隔:
```

图 3-3 例 3-3 程序运行结果

显然，改进后程序的人机交互要比前面的代码好得多，人性化做得好了。我们做工程项目时，就需要有这个意识，即一定要从用户的角度来设计系统的软硬件。

如果将上述代码中的输入语句改成“scanf ("a=%db=%dc=%d",&a, &b, &c);”，那么用户又如何输入数据呢？从上述说明可知，格式控制中“a=”“b=”“c=”就是一般字符，那么就要在用户输入数据时原样输入：

a=11b=22c=33↙

2. 使用 scanf ()函数的注意事项

(1) 在变量列表中，应当是变量的地址，故在编写代码时千万记住要加 & 符号。

(2) 对实型数据，输入时不能规定其精度。例如“scanf("%7.2f %10.3f%.4f",&a, &b, &c);”是不合法的。

(3) 使用“%c”输入单个字符时，应避免将空格和回车键等作为有效字符输入。例如，对应语句

```
scanf("%c%c%c",&ch1, & ch2, & ch3);
```

用户本想将'A'赋值给 ch1,'B'赋值给 ch2,'C'赋值给 ch3，假设用户输入 A□B□C↙，则系统将'A'赋值给 ch1，空格赋值给 ch2,'B'赋值给 ch3，而字符'C'被舍弃了。正确的输入方法应当是：ABC↙。

(4) 数值型数据与字符型数据混合输入时要注意空格有时不能使用。

【例 3-4】 数值型数据与字符型数据混合输入示例。

```
#include <stdio.h>
int main (void)
{
    int data1, data2;
    char ch;
    scanf("%d%c%d",&data1, & ch, & data2);
    printf("%d,%c,% d \n",data1, ch, data2);
    return 0;
}
```

希望得到的输出结果是:11,a,3。

如果输入 11□a□3↙,则实际输出结果为 11,□,－858993460(注:最后一个数字由于编译系统的原因可能不一样)。主要原因是空格也是字符,第一个空格作为字符给了 ch,而字符'a'给了 data2。

正确的输入方法是:11a3↙或 11a□3↙。

【任务实施】

一个好的软件必须有友好的人机对话界面。而分级菜单的人机交互界面是用途最为广泛的人机交互方式。

【例 3-5】 设计一个简单计算器的菜单样式,通过键盘输入整数对菜单做出选择,并输出对输入数据的反馈信息,如图 3-4 所示。

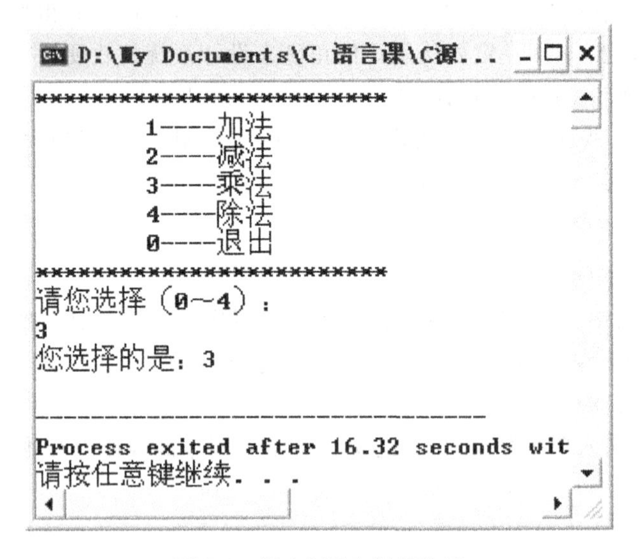

图 3-4 例 3-5 程序运行结果

程序代码如下:

```
#include <stdio.h>
int main(void)
{
    int a;
    printf("**************************\n");
    printf("\t1----加法\n");
    printf("\t2----减法\n");
    printf("\t3----乘法\n");
    printf("\t4----除法\n");
    printf("\t0----退出\n");
    printf("**************************\n");
```

```
    printf("请您选择(0～4):\n");
    scanf("%d",&a);
    printf("您选择的是:%d\n",a);
    return 0;
}
```

根据以上分析和介绍,体重指数计算器的代码如下:

```
#include <stdio.h>
int main (void)
{
  char gender;
  int age;
  float weight,high,bmi;
  printf("体重质量指数(body mass index ,简称 BMI)\n");
  printf("BMI=体重(kg)除以身高(m)的平方\n");
  printf("正常体重:BMI=18～25\n");
  printf("超重体重:BMI=25～30\n");
  printf("轻度肥胖:BMI>30\n");
  printf("中度肥胖:BMI>35\n");
  printf("重度肥胖:BMI>40\n");
  printf("@@@@@@@@以下是输入信息@@@@@@@@@\n");
  printf("姓名:加菲猫\n");
  printf("性别:");
  scanf("%c",& gender);
  printf("\n年龄:");
  scanf("%d",&age);
  printf("\n体重<kg>:");
  scanf("%f",&weight);
  printf("\n身高<m>:");
  scanf("%f",&high);
  bmi=weight/(high*high);
  printf("\n\n@@@@@@@@以下是输出信息@@@@@@@@@@@\n");
  printf("@\t姓名:加菲猫\t\t@\n");
  printf("@\t性别:%c \t\t@\n", gender );
  printf("@\t年龄:%d\t\t@\n",age);
  printf("@\t体重:%.2fkg\t\t@\n",weight);
  printf("@\t身高:%.2fm\t\t@\n",high);
  printf("@\tBMI:%.2f\t\t@\n",bmi);  printf("@@@@@@@@@@@@@@@@@@@@@@@@@@@@@@@@@\n");
  return 0;
}
```

程序运行结果如图 3-5 所示。

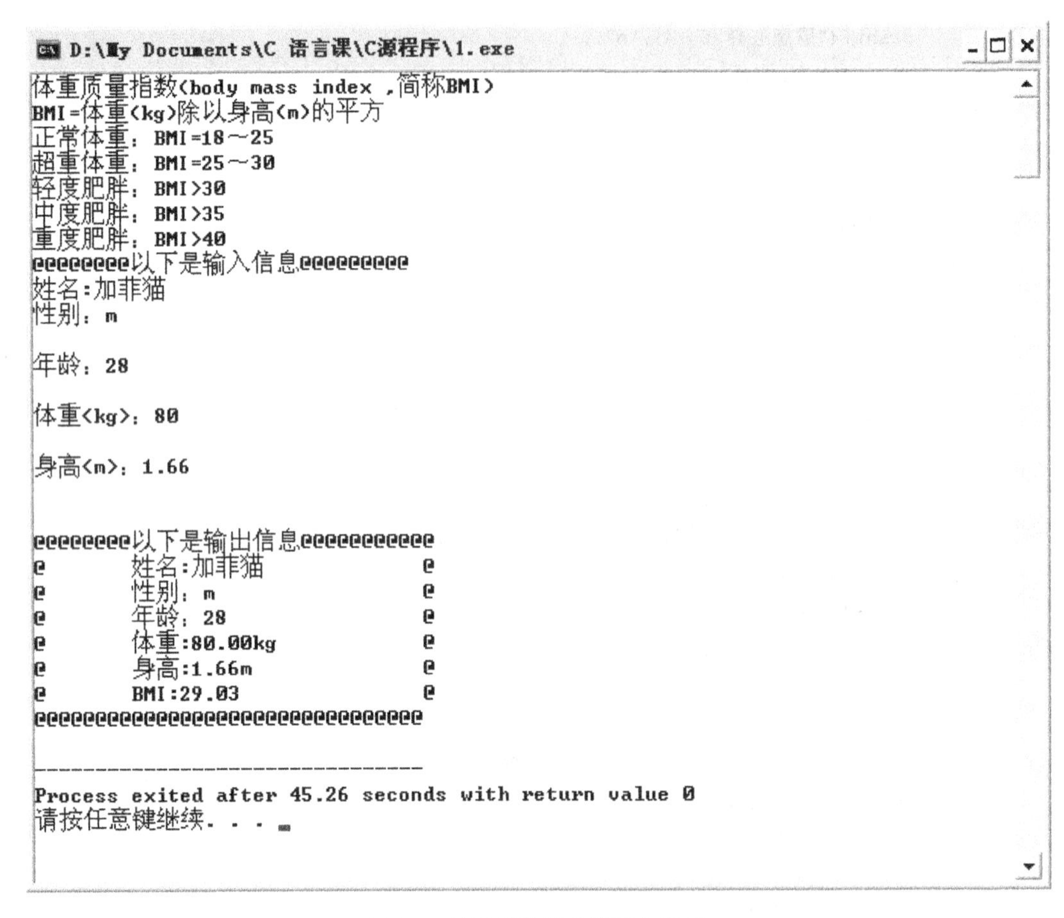

图 3-5　体重指数计算器运行结果

【拓展延伸】

字符的输入与输出

除了使用 scanf( )函数和 printf( )函数外，C 语言还提供了 getchar( )函数和 putchar( )函数，专门用来输入和输出单个字符。

1. putchar( )函数

putchar( )函数的功能是向输出设备(显示器)输出一个字符(可以是可显示的字符，也可以是控制字符或其他转义字符)。其一般形式为：

```
putchar(字符型表达式);
```

例如：

```
putchar(' y ');          /*输出字母 y*/
putchar('\n ');          /*输出一个换行符*/
putchar('\015');         /*输出回车，不换行，使输出的当前位置移到本行的开头*/
putchar('\'');           /*输出单撇号字符*/
```

2. getchar()函数

getchar()函数的功能:从终端(键盘)输入一个字符,以回车键确认。函数的返回值就是输入的字符。

注意

(1) 键盘输入字符型常量不用单引号,输入字符后,按回车键。

(2) getchar( )函数只能接收一个字符,getchar( )函数得到的字符可以赋给一个字符变量或整型变量,也可以不赋给任何变量,作为表达式的一部分。

【例 3-6】 从键盘输入一个大写字母,要求以小写字母输出。

```
# include< stdio.h>
int main(void)
{
  char c1,c2;
  c1= getchar();             /*把从键盘输入的大写字母赋给变量 c1*/
  putchar(c1);               /*输出大写字母*/
  putchar('\n');
  c2= c1+ 32;                /*大写字母转变成小写字母*/
  putchar(c2);               /*输出小写字母*/
  return 0;
}
```

【动手试一试】

(1) 编辑以下程序,并运行:

```
#include <stdio.h>
int main(void)
{
  int a,b,c;
  scanf ("%d%d",&a,&b);
  c=a+b;
  printf("c=%d\n ",c);
}
```

欲使 a 的值为 3,b 的值为 4,怎样输入数据?运行查看结果。

① 将第 5 行改为“scanf("%d,%d",&a,&b);”,该如何输入数据才能正确运行?

② 若将第 5 行改为“scanf("%d:%d",&a,&b);”,该如何输入数据?改为“scanf("a=%db=%d",&a,&b);”,又如何输入数据呢?

(2) 运行下列程序,欲使 a=3,b=7,x=8.5,y=71.82,c1='A',c2='a',应从键盘上如何输入数据?

```
#include <stdio.h>
int main(void)
{
int a,b;
float x,y;
char c1,c2;
scanf("a=%d b=%d",&a,&b);
scanf("x=%f y=%f",&x,&y);
scanf("c1=%c c2=%c",&c1,&c2);
printf("a=%d,b=%d\n",a,b);
printf("x=%f,y=%f\n",x,y);
printf("c1=%c,c2=%\nc",c1,c2);
retrun 0;
}
```

任务3　C语言中的三种基本结构

【任务导入】

有了前面的基础知识，我们可以开始设计程序来解决问题了。简单程序设计的一般过程如下。

(1) 确定数据结构。根据任务提出的要求、指定的输入数据和输出结果，确定存放数据的数据结构。

(2) 确定算法。针对存放数据的数据结构来确定解决问题、完成任务的步骤。

(3) 编码。根据确定的数据结构和算法，使用选定的计算机语言编写程序代码，输入到计算机并保存在磁盘上，简称编程。

(4) 程序调试。消除由于疏忽而引起的语法错误或逻辑错误；用各种可能的输入数据对程序进行测试，使之对各种合理的数据都能得到正确的结果，对不合理的数据能进行适当的处理。

(5) 整理并写出文档资料。

数据结构的知识前面章节讲过，现在重点了解算法。

【任务分析】

本任务要对三种程序结构进行概念的讲解。

【相关知识】

一、算法的概念

所谓算法，指的是解决问题时的一系列方法与步骤。算法的思维体现在生活的各个方面，比如从所在地去其他地方旅游，就会有一系列问题要考虑：选择什么交通工具？住什么酒店？到哪些景点旅游？这些问题的答案取决于不同的条件。显然，这些步骤之间有一定的逻辑顺序，按这些顺序就能解决问题。当然，算法一般不是唯一的。

二、算法的表示

理论上，用我们平时的自然语言肯定可以描述算法，但由于自然语言的多义性，不同的人有不同的理解，因此一般不采用自然语言来描述算法，要求采用一种精确的、无歧义的机制。

目前，有两种广泛使用的算法表示，一是伪代码法，二是流程图法。

伪代码法是用介于自然语言和计算机语言之间的文字和符号（包括数学符号）来描述算法。伪代码法有一套语法规则，在此不赘述。

流程图法是一种有效、直观的算法表示方法，利用不同的框代表不同的操作，利用有向线段表示算法的执行方向。用流程图描述算法，直观、形象，易于理解。现在通用的流程图符号的画法是 ANSI（美国国家标准学会）制定的标准，如图 3-6 所示。

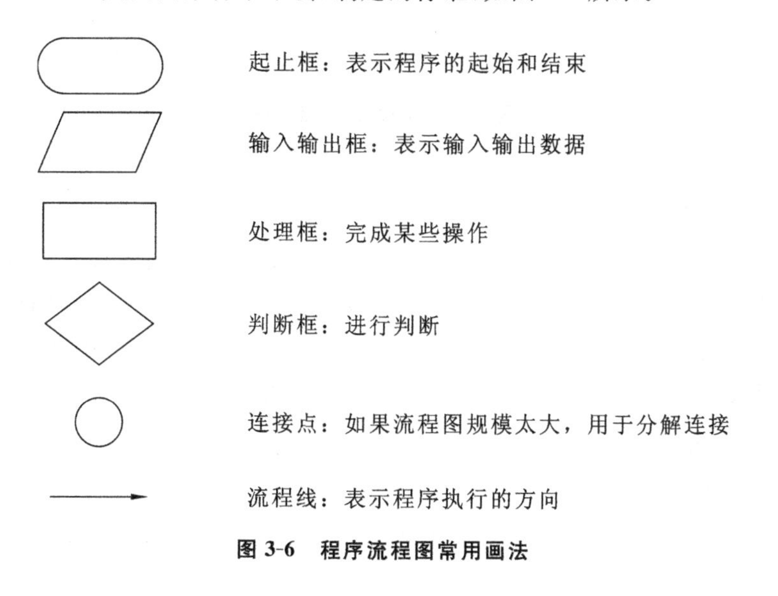

图 3-6　程序流程图常用画法

三、三种控制结构

前面我们曾经把编写程序比作写小说。众所周知，小说的结构有三种，即顺序、插序、倒序，不管多么精彩的小说，总是这三种结构的组合。同样，C 语言的程序也有三种基本结构：顺序结构、选择结构、循环结构。这三种结构可以组成非常复杂的程序。

1. 顺序结构

顺序结构是程序中最简单、最常用的结构，如图 3-7(a)所示：程序按书写的顺序从上到下执行，不进行任何跳转，即先执行 A 操作，再执行 B 操作。

2. 选择结构

选择结构又称分支结构，如图 3-7(b)和图 3-7(c)所示。需要在某处做出判断，根据条件 P 成立与否，选择其中的一路分支执行。将在项目 4 详细介绍。

3. 循环结构

循环结构又称重复结构，如图 3-7(d)和图 3-7(e)所示，即由某个条件来决定是否重复执行某一部分的操作及执行多少次。循环结构的语句形式有两种：当型循环和直到型循环。将在项目 5 详细介绍。

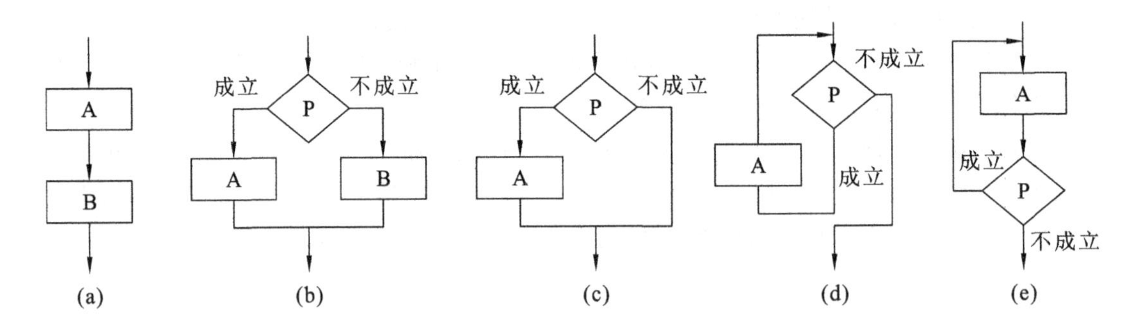

图 3-7　三种结构的流程图

四、C 语言的语句

如果把写程序和写小说类比，变量、常量可看作字和词，函数可看成一个段落，运算符等可看成字词的组合规则，那么字词组成的语句就是小说的最小独立单元。同样，C 语言程序的最小独立单元是“语句”。C 语言的语句可以分为五类，分别是表达式语句、空语句、复合语句、函数调用语句和控制语句。我们先介绍两种简单的语句。

1. 表达式语句

表达式语句就是在表达式后面加分号构成的语句。较简单的一种是由运算符表达式加分号构成的语句，如“x＋＋；”，还有赋值语句，如“x＝5；”“c＝a＋b；”“a＝b＝c＝8；”。

2. 空语句

空语句在 C 语言中很少用到，它的作用就是什么都不做，让计算机空转。使用空语句的主要目的是等待其他操作先完成。

空语句的形式为一个简单的“；”，其他什么都没有。

【任务实施】

下面以例 3-7 为例说明顺序程序设计的整个过程。

【例 3-7】 输入三角形的三边长，求三角形的面积。

为简单起见，设输入的三边长 a，b，c 能构成三角形。从数学知识已知求三角形面积的公式为：

$$\text{area} = \sqrt{s(s-a)(s-b)(s-c)}（其中\ s=(a+b+c)/2）$$

该程序设计的流程图如图 3-8 所示。

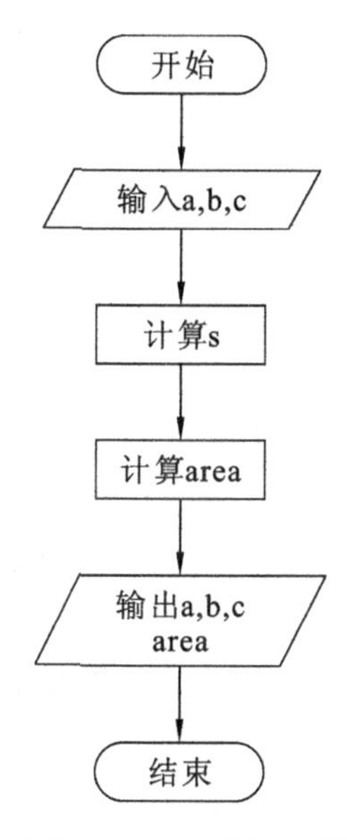

图 3-8 例 3-7 的流程图

程序代码如下：

```
#include <math.h>             /*由于要调用数学函数库中的函数,所以必须用#include 将数
                                学函数库的头文件 math.h 包含进程序*/
int main(void)
{
   float a,b,c,s,area;
   scanf("%f%f%f",&a,&b,&c);
   s=(a+b+c)/2;
   area=sqrt(s*(s-a)*(s-b)*(s-c));            /*sqrt()为求平方根的函数*/
   printf("a=%7.2f,b=%7.2f,c=%7.2f\n",a,b,c);
   printf("area=%8.3f\n",area);
   retrun 0;
}
```

运行后，输入数据 3　4　6，结果如图 3-9 所示。

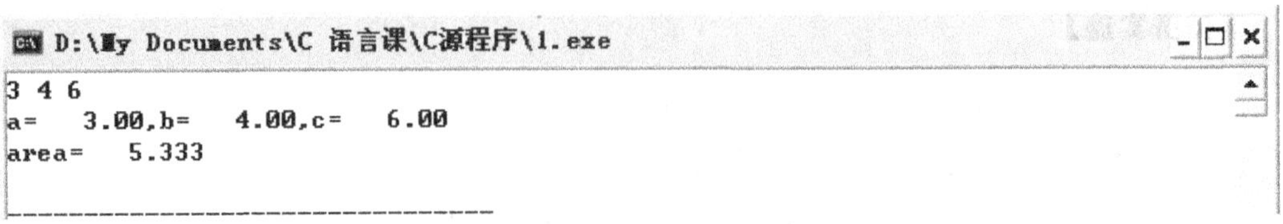

```
D:\My Documents\C 语言课\C源程序\1.exe
3 4 6
a=    3.00,b=    4.00,c=    6.00
area=    5.333
```

图 3-9　例 3-7 程序运行结果

【动手试一试】

(1) 已知华氏温度，求摄氏温度。要求用 scanf 函数输入华氏温度，输出摄氏结果时要有文字说明，且取小数点后两位数字。计算公式为：$c=\frac{5}{9}(f-32)$。请用 52，－2，32 来测试。

(2) 编写一个将英尺转化为厘米的程序，已知 1 英尺＝2.54 厘米。要求输入/输出均有单位提示，结果保留 3 位小数。

(3) 编程：根据商品原价和折扣率，计算商品的实际售价。例如，输入 100 元、9 折，输出 90 元。

要求：实验测试数据原价和折扣率从键盘输入。应尽力追求程序的完美，比如：要求输入数据，应当显示提示字符串，提示用户输入；输出时保留 2 位小数，要求有文字说明。

(4) 从键盘输入一个角度 x，求 10 sin(x)的值。提示：程序要用到 math 函数，开头要有包含头文件：#include <math.h>。

(5) 编写一个程序，计算出下列数学算式的结果并上机调试，x、y 从键盘输入。（提示同上题）

$$\sqrt{x^5+y^6}$$

(6) 编写程序：已知苹果每斤 5 元，香蕉每斤 2.6 元，橙子每斤 6 元，要求输入各类水果的重量，输出应付金额，再输入顾客所付金额，打印出给顾客的找零金额。

思考与练习

一、选择题

1. printf( )函数的格式说明符中，要输出字符串就使用(　　)格式字符。

A. %d　　B. %c　　C. %s　　D. %f

2. printf( )函数的格式说明符%8.2f 是指(　　)。

A. 输出列宽为 8 的浮点数，其中小数位为 2，整数位为 6

B. 输出列宽为 10 的浮点数，其中小数位为 2，整数位为 8

C. 输出列宽为 8 的浮点数，其中小数位为 2，整数位为 5

D. 输出列宽为 10 的浮点数，其中小数位为 2，整数位为 7

3. 设 a=3，b=4，执行“printf("%d,%d\n",(a,b),(b,a));”后输出的是(　　)。

A. 3,4　　B. 4,3　　C. 3,3　　D. 4,4

4. 设有语句“scanf("%c%c %c",&c1,&c2,&c3);”,若 c1, c2, c3 的值分别为 a,b,c,则正确的输入方法是(　　)。

A. a↙b↙c↙　　B. abc↙

C. a,b,c↙　　D. a□b□c(注:□代表空格)

5. 如果要使 x 和 y 的值均为 2.35,使用语句“scanf("x=%f,y=%f ",& x,& y);”,则正确的输入方法是(　　)。

A. 2.35,2.35　　B. 2.35 2.35

C. x=2.35,y=2.35　　D. x=2.35　y=2.35

6. 若有以下定义和语句:

```
int  u=010,v=0x10,w=10;
printf("%d,%d,%d\n",u,v,w);
```

则输出结果是(　　)。

A. 8,16,10　　B. 10,10,10　　C. 8,8,10　　D. 8,10,10

7. 下列程序的运行结果是(　　)。

```
#include <stdio.h>
main(void)
{  int a=2,c=5;
   printf("a=%d,b=%d\n",a,c);
}
```

A. a=%2,b=%5　　B. a=2,b=5

C. a=d,b=d　　D. a=%d,b=%d

8. 下面程序的输出结果是(　　)。

```
int main(void)
{
   unsigned  int  a=32768;
   printf("a=%d\n" ,a);
}
```

A. a=-32768　　B. a=32768　　C. a=-32767　　D. a=-1

9. 以下说法正确的是(　　)。

A. 输入项可以为一个实型常量,如 scanf("%f ",3.5);

B. 只有格式控制,没有输入项,也能进行正确输入,如 scanf("a=%d,b=%d");

C. 当输入一个实型数据时,格式控制部分应规定小数点后的位数,如 scanf("% 4.2f ",&f);

D. 当输入数据时,必须指明变量的地址,如 scanf("%f ",&f);

10. 下列代表“横向跳格”格式转义字符的是(　　)。

A. \b　　B. \t　　C. \r　　D. \n

二、填空题

1. 以下程序的执行结果是________。（注：□代表空格）

```
#include <stdio.h>
int main(void)
{
    float pi=3.1415927;
    printf("%f,%.4f, %7.3f ",pi,pi, pi);
    return 0;
}
```

2. 下列程序的输出结果为______。

```
#include <stdio.h>
int main(void)
{
    int a=1,b=2;
    a=a+b;
    b=a-b;
    a=a-b;
    printf("%d,%d\n",a, b);
    return 0;
}
```

项目4　简易计算器——选择结构程序设计

学习目标

1. 知识目标

(1) 掌握关系运算和逻辑运算。

(2) 掌握三种形式的 if 语句语法。

(3) 掌握 switch 语句语法。

(4) 掌握选择结构程序设计的要点。

2. 能力目标

(1) 具备用逻辑表达式描述客观条件的能力。

(2) 具备应用分支结构设计算法的能力。

(3) 培养软件开发必备的逻辑思维能力。

【项目描述】

本项目完成一个只能计算两个数四则运算的简易计算器,其运行界面如图 4-1 所示。

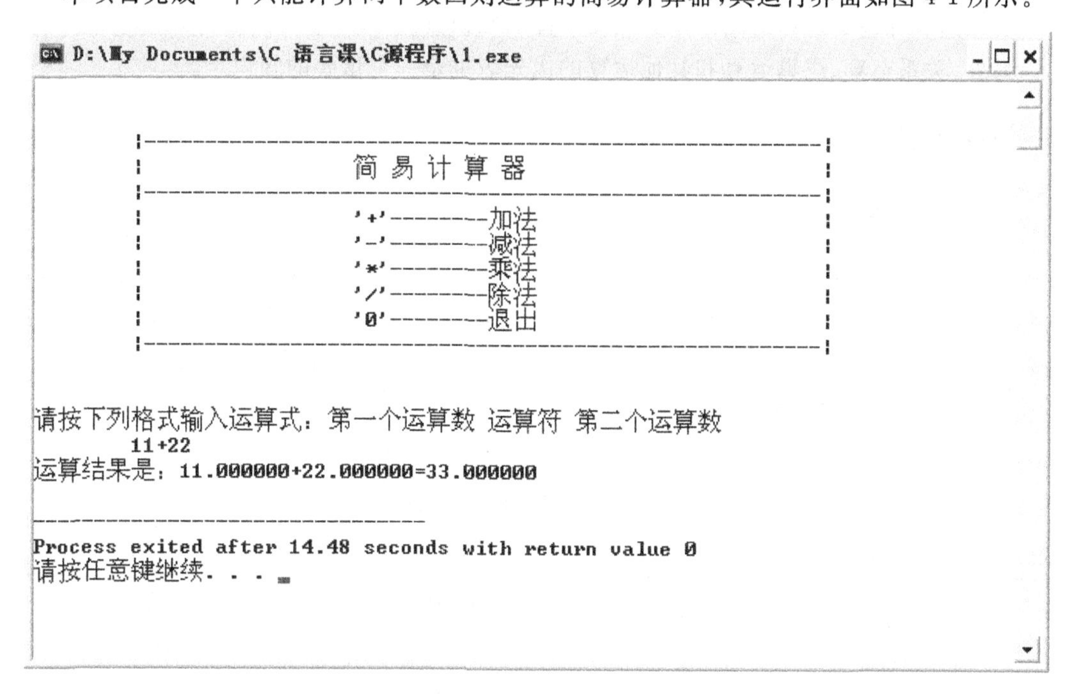

图 4-1　简易计算器运行界面

任务 1　C 语言中的关系运算和逻辑运算

【任务导入】

从项目描述中可知，选择不同的运算符就会进行相应的运算，这是一种非常典型的选择结构。在选择结构的程序中，计算机就是根据判断的条件来决定下一步该做什么的。这个条件的表达往往是某种比较运算和逻辑运算，例如："超过 8 点未到公司就是迟到""如果今天下大雪，就不上课""工资超过 3500 元、低于 5000 元的要收个人所得税 3%""工龄超过 5 年且工资低于 4000 元的工资增加 5%"。那么，这些条件在 C 语言中如何表达？这就是 C 语言中的关系运算和逻辑运算。

【任务分析】

C 语言中的关系运算就是两个数之间大小的关系，主要是由关系运算符来完成的。关系运算符有大于(>)、大于等于(>=)、小于(<)、小于等于(<=)、等于(==)、不等于(!=)等。

而逻辑运算用来判断一件事情是"成立"还是"不成立"，是"真"还是"假"。逻辑运算符有非(!)、与(&&)、或(||)。

关系运算和逻辑运算的结果是必须要掌握的知识点。

另外，关系运算、逻辑运算和其他运算的优先级也是一个重要的知识点。

【相关知识】

一、关系运算符和关系表达式

在选择结构的程序中，如果经常需要比较两个量的大小关系，以决定下一步的工作，那么就采用关系运算符。关系运算符就是对两个变量或表达式进行"比较运算"，是对两个操作数的值进行比较。如果关系正确，运算的结果就是真；如果关系不正确，运算的结果就是假。例如：整数 7 大于 5 的运算结果就是真，整数 7 小于 5 的运算结果就是假。

C 语言用一些符号来表达其所支持的关系运算符，如表 4-1 所示。

表 4-1　C 语言中的关系运算

符　号	运算符说明	示　例	结合方向	说　明
>	大于	a>b	自左向右	二元运算符
<	小于	a<b	自左向右	二元运算符
>=	大于等于	a>=b	自左向右	二元运算符

续表

符　　号	运算符说明	示　　例	结合方向	说　　明
<=	小于等于	a<=b	自左向右	二元运算符
==	等于	a==b	自左向右	二元运算符
!=	不等于	a!=b	自左向右	二元运算符

注意

(1) 关系运算符“==”和赋值符“=”是两个完全不同的运算，前者用于两个表达式的比较，而后者是给变量赋值。

(2) 不等于用“!=”表示，而不用“<>”或者“≠”表示。

关系运算符及其他运算符的优先级如图 4-2 所示。

高
算术运算符：+、-、*、/、%
关系运算符：>、<、>=、<=
关系运算符：==、!=
赋值运算符：=、+=、-=、*=、/=、%=
低

图 4-2　关系运算符及其他运算符的优先级

由关系运算符和操作数组成的表达式称为关系表达式，它所得的结果为逻辑值，也称布尔值。逻辑值只有两个，用“真”和“假”表示，“真”用“1”表示，“假”用“0”表示。逻辑真和逻辑假只是两个对立的逻辑概念，不是真就是假，就像我们所说的对错一样。在现实世界中，有的事情从不同方面去想可能是对的，也可能是错的。但是，计算机不像现实世界那样复杂，在计算机的世界中，非真即假，绝没有中间态。但在实际运行过程中，只要是非零值都为“真”，只有零为“假”。例如：-8、-0.05 都认为是“真”，只有整数 0、实数 0.00…和 ASCII 码值为 0 的 NULL 为“假”。

像下面的关系运算表达式的值就为真：

1 >=0;2<3;1<=1;0==0;8>=8;1≠2

因为它们的两个操作数的值符合关系运算符所表示的关系。反之，下面的例子中，表达式的值为假：

1 <=0;2>3;1!=1;0!=0;8!=8;1=2

二、逻辑运算符和逻辑表达式

前面已经介绍过，关系运算的结果为逻辑的真和假，可以很好地作为逻辑判断的条件，但是，关系运算有一个缺点：只能判断一个条件是不是满足。在现实生活中，往往不是根据一个条件进行判断，而是需要根据多个条件进行判断。例如，一个公司招聘员工，往往是几个条件都满足才能被录用。在 C 语言中，也是如此。有的时候，需要用到几个逻辑条件才能进行判断，这就需要用到逻辑运算了。

一般进行判断的时候会有这样一些情况：“不要”“同时都要”“只要一个就行”。

例如，周日不下雨，我们就郊游，这里的“不下雨”就是一个条件。再例如，手机有话费且不关机，才能接打电话，这里“有话费”和“不关机”是同时要满足的条件。再例如，老板发话了，今天干完活或者等到晚上 9 点才能下班，这里的“干完活”“等到晚上 9 点”只要一个条件满足就可以回家了。

这三种判断条件的组合囊括了所有的条件组合的基本形式。C 语言提供了这三种条件组合对应的逻辑运算，即非、与、或运算，分别对应上面介绍的“不要”“同时都要”“只要一个就行”的判断条件的组合。

表 4-2 列出了 C 语言中的三种逻辑运算，包括它们的符号、示例、结合方向等。使用表 4-2 中的信息，就可以写出一般的逻辑运算的表达式了。

表 4-2　C 语言中的逻辑运算

符　　号	运算符说明	示　　例	结合方向	说　　明
!	非	! a	自右向左	一元运算符
&&	与	a&&b	自左向右	二元运算符
||	或	a||b	自左向右	二元运算符

逻辑运算符及其他运算符的优先级如图 4-3 所示。

高
逻辑运算符：!
算术运算符：+、-、*、/、%
关系运算符：>、<、>=、<=
关系运算符：==、!=
逻辑运算符：&&、||
赋值运算符：=、+=、-=、*=、/=、%=
低

图 4-3　逻辑运算符及其他运算符的优先级

逻辑运算的结果也只有两个值：“真”和“假”，用“1”和“0”来表示。

逻辑运算规则可用图 4-4 所示的三个电路图直观、形象地描述出来。

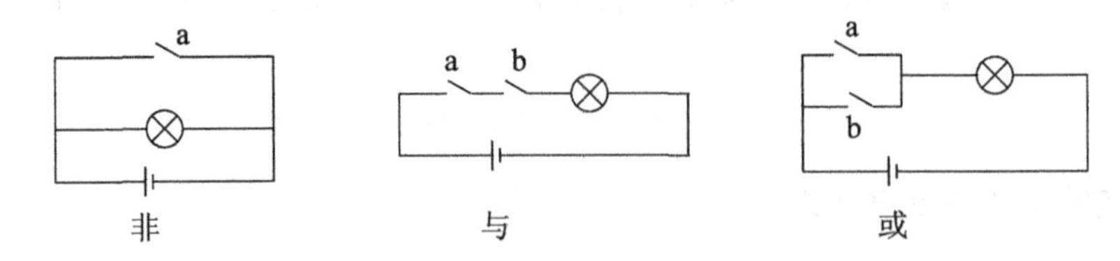

图 4-4　电路图体现出的逻辑运算规则

将图 4-4 中的灯亮比作逻辑运算值“真”，灯灭比作逻辑运算值“假”，开关的“开”比作“非 0”，开关的“关”比作“0”。

(1) 非(!)。

! a,当开关 a 合上(非 0)时,灯灭(值为 0);当开关 a 打开(0)时,灯亮(值为 1)。

(2) 与(&&)。

a&&b,只有两个开关都合上(非 0)时,灯亮(值为 1);否则,灯灭(值为 0)。

(3) 或(||)。

a||b,只要两个开关中有一个合上(非 0)时,灯亮(值为 1);只有两个开关都打开(0)时,灯灭(值为 0)。

【任务实施】

【例 4-1】 设 a=3, b=4, c=5,判断下列各关系运算表达式的结果。

(1) x=b > a。

由于关系运算符优先于赋值运算符,所以原式等价于 x=(b > a),由题设可知,b>a 成立,结果为 1,故最后执行赋值运算 x=1。

(2) a ! =b >=c。

由于关系运算符 ! =的运算优先级低于关系运算符 >=,所以原式等价于 a ! =(b >=c),由题设可知, b>=c 不成立,结果为 0, 原式可化为 a! =0,由题设可知,a! =0 成立,结果为 1。

(3) (a > b)> (b < c)。

由题设可知,a>b 不成立,结果为 0;b<c 成立,结果为 1;原式可化为 0 > 1, 其结果为 0。

(4) f=c > b> a。

这个运算是不少人会搞错的。在数学上,5> 4>3 是成立的,结果是真。但在 C 语言中,关系运算符是二元运算符,不是三元运算符。计算过程是:由于同优先级的关系运算符遵循自左至右的结合方向,故原式等价于 f=((c > b)> a),由题设可知,c > b 的结果为 1,1>3 的结果为 0,最后执行赋值运算: f=0。

【例 4-2】 设“int a=3, b=4, c=5;”,判断表达式 a=(b=! a)&& (c=b)和! c+a&&b>=1||b 的值。

C 语言规定:在执行“&&”运算时,如果“&&”运算符左边表达式的值为 0,则可以确定“&&”运算的结果一定为 0,故不再执行“&&”运算符右边表达式规定的运算。类似地,在执行“||”运算时,如果“||”运算符左边表达式的值为 1,则可以确定“||”运算的结果一定为 1,故不再执行“||”运算符右边表达式规定的运算。

原表达式 a=(b=! a)&& (c=b)等价于 a=((b=! a)&& (c=b))。

由题设可知,! a 的值为 0,故赋值运算表达式 b=! a 的值为 0,按 C 语言规定,赋值运算表达式(c=b)将不被执行,c 的值还是 5,b 的值为 0,由于逻辑运算表达式(b=! a)&&(c=b)的值为 0,故 a 的值为 0,整个赋值运算表达式为 0。

! c+a&&b>=1||b 计算步骤为:先算! c 值为 0,再算 0+a 值为 3,然后算 b>=1 值为 1,此时式子相当于 3&&1||4,再自左向右算,结果为 1。

【例 4-3】 请将下列数学表达式转换成 C 语言表达式：

(1) 某数学方程中自变量 x 的定义域为 $1 \leqslant x < 5$，并且 $x \neq 3$；

(2) 某数 x 是 3 的倍数或 5 的倍数。

解 (1) x<5&&x>=1&&x! =3；

(2) x%3==0|| x%5==0。

【例 4-4】 判别某一年(year)是否是闰年(leap year)。从历法上可知，公历年份同时符合下面两个条件就是闰年：①能被 4 整除；②能被 400 整除，但不能被 100 整除。

分析：这一题关键点有两个，即整除如何表达、两个条件用什么逻辑运算表达。

“整除”其实就是某数与某数相除余数为零。同时满足两个条件正好和“&&”运算的规则相同。

解 定义公历年份变量为 year。某年是闰年的条件可用一个逻辑表达式来表示：

year%4==0&&(year%100 ! =0||year%400==0)

上述表达式值为真(1)，则 year 为闰年；否则，为非闰年。

【动手试一试】

(1) 写出判断 x 大于 0 并且小于 10 的表达式。

(2) 判断一个变量的值是否在 12 到 20 之间，写出表达式。

(3) 写出判断整型数 a、b、c 能构成一个三角形的表达式。

(4) 写出判断整型数 a、b、c 能构成一个等边三角形的表达式。

(5) 写出判断整型数 a、b、c 能构成一个等腰三角形的表达式。

(6) 写出判断 $x \leqslant 1+m$ 并 $y \leqslant n$ 的表达式。

(7) 计算表达式 x=5<11==1 的值。

任务 2 C 语言的选择结构

【任务导入】

上个任务我们学习了 C 语言的选择结构中的条件如何表达。在自然语言中，遇到选择判断时，我们会用“如果……就……”这样的句子来表达选择关系。同样，在 C 语言中也有类似的语句，那就是 if 语句。由于现实生活中选择判断有三种情况，即单分支、双分支、多分支，故 if 语句也有三种形式来对应地表达这三种情况。

【任务分析】

用好选择结构显然必须要掌握 if 语句三种形式的语法，还必须掌握它们各自的适用情况，并掌握 if 语句嵌套。

【相关知识】

if 语句

C 语言是高级语言，在表达选择判断时用接近自然语言的语句——if 语句。针对三种选择的情况，if 语句分三种形式：单分支、双分支、多分支。

1. 单分支 if 语句

单分支 if 语句的一般形式：

```
if (条件)  语句
```

单分支 if 语句是判断结构中最简单的一种。它根据条件的真假来判断之后的语句到底是执行还是不执行，条件为真就执行，为假就不执行。单分支 if 语句的流程图如图 4-5 所示，“条件”就是之前所讲的具有真假值的常量、变量、赋值表达式、基本数学运算表达式、关系运算表达式和逻辑运算表达式。当条件的值为“真”的时候，程序执行语句 A；否则，程序不执行语句 A。

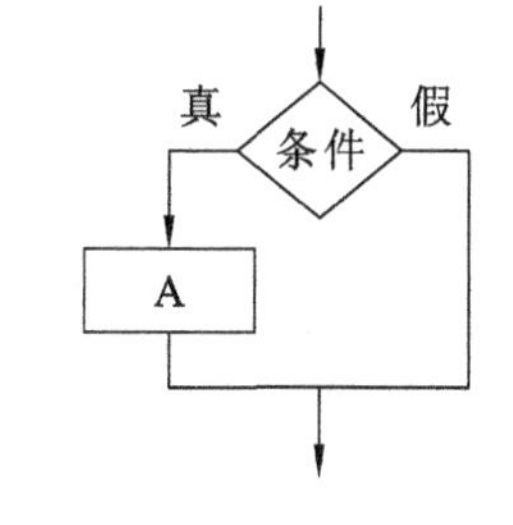

图 4-5　单分支 if 语句的流程图

【例 4-5】 从键盘任意输入一个实数，输出它的绝对值。

分析：按照前面我们讲的知识，要完成这样一个程序就要知道数据结构＋算法。

本程序使用实数类型，完成这个问题的步骤就是算法。

首先，需要有一个变量来存储这个数。

然后，告诉计算机这个数是什么。

接下来，计算机需要判断这个数是否为负数，如果是负数，就需要取相反数。正数不需要任何操作。

最后输出结果。

其流程图如图 4-6 所示。

代码如下：

```
#include <stdio.h>
int main(void)
{
   float a;
   printf("Enter a float\n");
   scanf("%f",&a);
   if(a<0) a=-a;
   printf("a=%f\n",a);
   return 0;
}
```

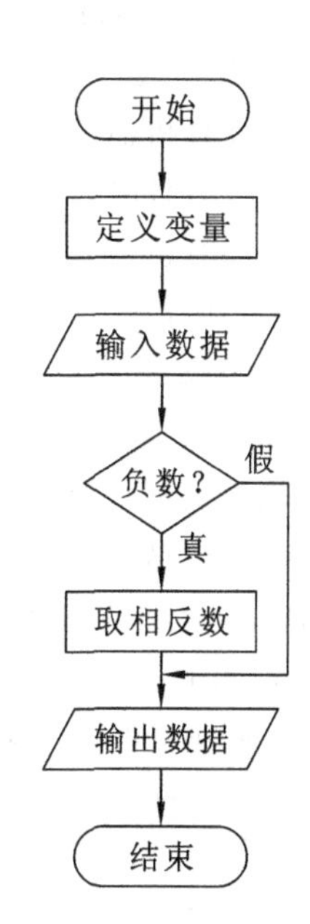

图 4-6　求实数绝对值的流程图

注意

在条件(a<0)后面不能加分号，如果加了分号，C 语言允许空语句的存在，那么这个分号就和前面的 if (a<0)组成了一个控制语句，从语法上和功能上看，“a=－a;”和 if 语句没有直接关系了。程序运行后结果就是无论什么数都是取相反数，而不是求绝对值了。

运行结果如图 4-7 所示。

```
D:\My Documents\C 语言课\C源程序\1.exe
Enter a float
-123
a=123.000000

--------------------------------
Process exited after 10.97 seconds with return value 0
请按任意键继续. . .
```

图 4-7　例 4-5 程序运行结果

【例 4-6】 从键盘上输入两个数 a 和 b，按先大后小的顺序输出。

分析：本程序使用实数类型，此问题的算法比较简单，有两种：第一种是直接用一个双分支选择结构比较，根据结果输出不同的顺序；第二种是用一个单分支选择结构比较两个数，根据结果来决定是否对两个数的位置进行互换，此算法虽有点麻烦，但在后面要求多个数时就很重要了。下面就详细以第二种算法来解决此问题。

第二种算法：

(1) 计算机需要有两个变量 a，b 来存储这两个实数。

(2) 告诉计算机这两个实数是什么。

(3) 计算机需要判断这两个实数的大小。如果是 a 小 b 大，就需要将二者的值交换；否则，直接按顺序输出变量 a，b 的值。

其中第(3)步中如何交换两个变量的值呢？在生活中找个类似的例子，大家就容易理解了：一个瓶里的酱油和另一个瓶里的醋如何交换呢？首先要找一个同样大或更大的空瓶子，先将酱油瓶里的酱油倒进来，再将醋瓶里的醋倒进原来的酱油瓶里，然后再将中间瓶子里的酱油倒进醋瓶里。这就完成了两者的交换。回到如何交换两个变量的值的问题上：要多定义一个变量，假设为 t，然后执行“t=a;a=b;b=t;”，这样原来两个变量 a，b 里的值就完成了交换。

代码如下：

```
#include <stdio.h>
int main(void)
{
    float a,b,t;
    scanf("%f,%f",&a,&b);
```

```
    if(a<b){t=a;a=b;b=t;}              /*这是一个复合语句,条件为真时执行*/
    printf("%5.2f,%5.2f",a,b);
    return 0;
}
```

注意

复合语句有时也被称为块语句。之所以叫它复合语句,是因为它是由其他简单语句组成的。C语言中的复合语句是由一对大括号和其中包含的若干条语句组成的。

运行结果如图 4-8 所示。

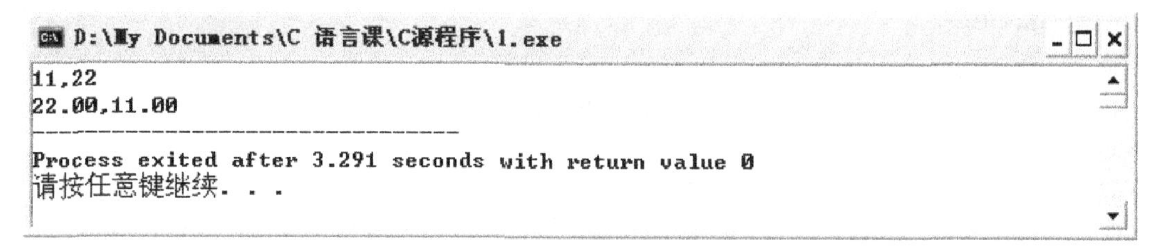

图 4-8 例 4-6 程序运行结果

【例 4-7】 从键盘输入一个正整数 n,如果 n 是一个三位数,将其按逆序输出,否则,直接输出"The End"。

分析:本程序使用整数类型,完成这个问题的步骤就是算法。

(1) 计算机需要有一个变量来存储这个正整数,至少有一个变量来存储计算的结果。

(2) 告诉计算机这个正整数是什么。

(3) 计算机需要判断这个数是否为三位数。如果是三位数,就需要将其按逆序输出;如果不是三位数,输出"The End"。(逆序输出在前面已讲述过)

代码如下:

```
#include <stdio.h>
int main(void)
{
    int a,b;
    scanf("%d",&a);
    if((a>=100)&&(a<1000))          /*三位数的条件表达式*/
     {                              /*这是一个复合语句,条件为真时执行*/
        b=a%10;                     /*求个位数*/
        printf("%d",b);             /*输出个位数*/
        a/= 10;                     /*舍弃个位数*/
        b=a%10;                     /*求十位数*/
       printf("%d",b),              /*输出十位数*/
       a/=10;                       /*求百位数*/
```

```
        printf("%d\n",a);/*输出百位数*/
    }
    printf("The End\n");/*条件为假时执行*/
    return 0;
}
```

输入两个不同的数，情况运行结果如图 4-9 和图 4-10 所示。

```
D:\My Documents\C 语言课\C源程序\1.exe
1234
The End

--------------------------------
Process exited after 5.905 seconds with return value 0
请按任意键继续. . .
```

图 4-9　例 4-7 程序运行结果(1)

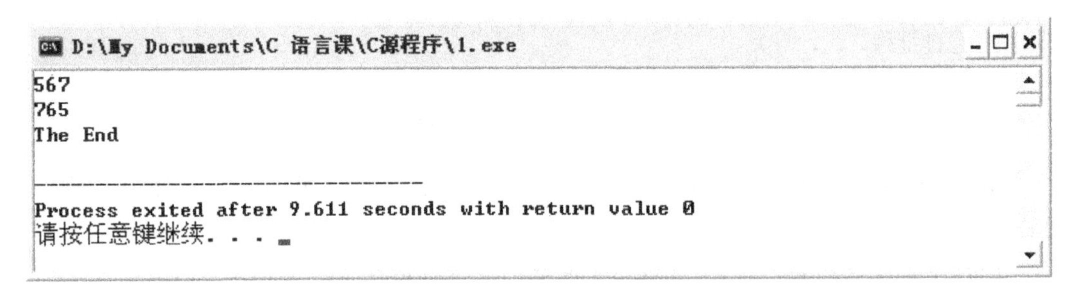

图 4-10　例 4-7 程序运行结果(2)

2. 双分支 if 语句

双分支 if 语句的一般形式：

```
if (条件)
        语句 A
else
        语句 B
```

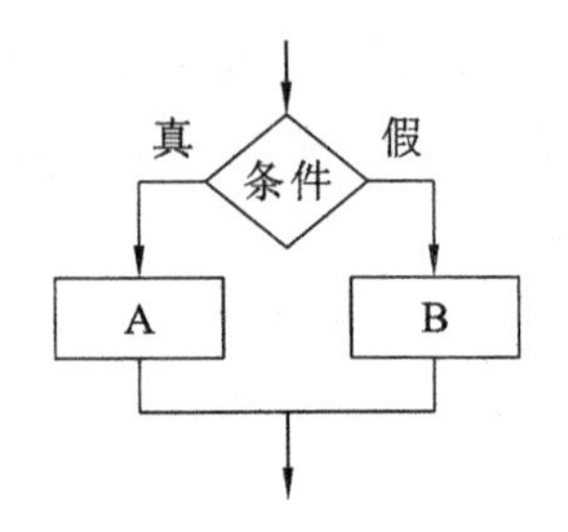

图 4-11　双分支 if 语句的流程图

if…else 结构比 if 结构功能稍微强大一些。它可以在语句之间有选择地执行。条件为真时，执行语句 A；条件为假时，则执行语句 B，如图 4-11 所示。

【例 4-8】　从键盘上输入两个整数 a 和 b，按先大后小的顺序输出。

```
#include <stdio.h>
int main(void)
{
    int a,b;
    printf("Please enter two integers\n");
    scanf("%d,%d",&a,&b);              /*注意数据输入时的格式控制*/
```

```
    if(a>b)
    printf("MAX=%d, MIN=%d,\n",a,b);
    else
    printf("MAX=%d, MIN=%d,\n", b,a);
    return 0;
}
```

程序运行结果如图 4-12 所示。

```
D:\My Documents\C 语言课\C源程序\ex4-10.exe
Please enter two integers
11,99
MAX=99, MIN=11,

--------------------------------
Process exited after 21.26 seconds with return value 0
请按任意键继续. . .
```

图 4-12　例 4-8 程序运行结果

【例 4-9】 编程:求任意三个整数的最大数。

```
#include <stdio.h>
int main(void )
{
    int a,b,c,max;
    printf("Please enter three integers:\n");
    scanf("%d,%d,%d",&a,&b,&c);
    if (a>b)
      max=a;
    else
      max=b;
    if (max<c)
      max=c;
    printf("max=%d\n", max);
    return 0;
}
```

程序运行结果如图 4-13 所示。

```
D:\My Documents\C 语言课\C源程序\ex4-11.exe
Please enter three integers:
11,55,98
max=98

--------------------------------
Process exited after 24.38 seconds with return value 0
请按任意键继续. . .
```

图 4-13　例 4-9 程序运行结果

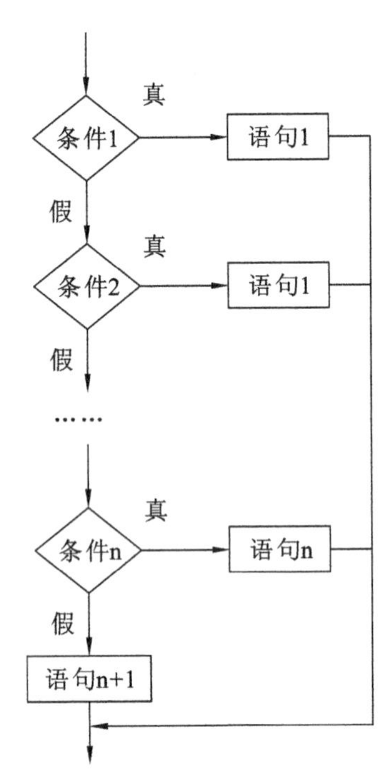

图 4-14　多分支 if 语句的流程图

3. 多分支 if 语句——if…else 语句的嵌套

若 if 语句中的执行语句又是 if 语句，则构成了 if 语句的嵌套。if 语句嵌套的目的是解决多路选择问题。

1）嵌套在 else 语句中

其形式为：

```
if       (条件 1)  语句 1
else if  (条件 2)  语句 2
else if  (条件 3)  语句 3
……
else if  (条件 n)  语句 n
else     语句 n+1
```

多分支的执行过程：依次从上到下判断条件的值，当出现某个值为真时，执行其对应的语句，然后跳到整个 if 语句之外继续执行程序；如果所有的表达式均为假，则执行语句 n+1，然后继续执行后续程序。多分支 if 语句的执行过程如图 4-14 所示。

【例 4-10】　编程：根据输入的学生成绩，给出相应的等级。90 分及以上的等级为优秀，80 分～89 分的等级为良好，70 分～79 分的等级为中等，60 分～69 分的等级为及格，60 分以下为不及格。

```
#include <stdio.h>
int main(void)
{
int score;
printf ("请输入学生成绩(0-100):\n");
scanf("%d ",& score);
if ( score>=90)
  printf("优秀!\n");
else if  ( score>=80)
  printf("良好!\n");
else if  ( score>=70)
  printf("中等!\n");
else if  ( score>=60)
  printf("及格!\n");
else
  printf("不及格!\n");
return 0;
}
```

程序运行结果如图 4-15 所示。

```
D:\My Documents\C 语言课\C源程序\ex4-12.exe
请输入学生成绩（0-100）：
82
良好!

--------------------------------
Process exited after 5.719 seconds with return value 0
请按任意键继续. . .
```

图 4-15　例 4-10 程序运行结果

2）嵌套在 if 语句中

其形式为：

```
if(表达式 1)
      if (表达式 2)
           语句 1;
      else
           语句 2;
else   语句 3;
```

【例 4-11】 判断某学生的成绩是否及格，如果及格，是否达到优秀(score>=90)。

```
#include <stdio.h>
int main(void)
{
  int score;
  printf ("请输入学生成绩(0-100):\n");
  scanf("%d",& score);
  if( score >=60)
      if   ( score >=90)
         printf("优秀!\n");
else
         printf("及格!\n");
else
       printf("不及格!\n");
return 0;
}
```

输入两个不同的分数，其运行结果分别如图 4-16 和图 4-17 所示。

```
D:\My Documents\C 语言课\C源程序\1.exe
请输入学生成绩（0-100）：
95
优秀!

--------------------------------
Process exited after 2.672 seconds with return value 0
请按任意键继续. . .
```

图 4-16　例 4-11 程序运行结果(1)

```
D:\My Documents\C 语言课\C源程序\1.exe
请输入学生成绩（0-100）：
45
不及格！

--------------------------------
Process exited after 7.983 seconds with return value 0
请按任意键继续. . .
```

图 4-17　例 4-11 程序运行结果(2)

注意

C 语言规定 else 语句不能单独存在，总是与它前面最近的(未曾配对的)if 配对。

如果有些嵌套中 if 与 else 的数目不一样，为实现程序设计者的企图，可以加花括号来确定配对关系。例如：

```
if(表达式 1)
  {if  (表达式 2)语句 1}
else
  语句 2
```

这时{ }限定了内嵌 if 语句的范围，因此 else 与第一个 if 配对。如果不加花括号{}，即使程序按照缩进的规则书写如下：

```
if(表达式 1)
   if(表达式 2)语句 1
else
   语句 2
```

但根据上述 C 语言规定，else 总是与它前面最近的 if 配对的规则，实际上这个语句相当于：

```
if (表达式 1)
  { if  (表达式 2)语句 1
         else  语句 2
  }
```

这段程序最后执行的情况与原来的意思完全不一样了，所以为了避免 if 语句嵌套的混乱，一定要坚持就近原则和适当地加花括号{}。

【任务实施】

上一个项目我们做了一个体重指数计算器，可以算出一个人的体重质量指数 BMI，但不能判断这个人是哪一种体重情况。根据多分支选择的功能可以进行如下判断。

正常体重:体重指数=18～25。

超重体重:体重指数=25～30。

轻度肥胖:体重指数>30。

中度肥胖:体重指数>35。

重度肥胖:体重指数>40。

根据上述知识,我们可以用多分支选择的语句来实现。

程序代码如下:

```
#include <stdio.h>
int main (void)
{
  char gender,fat;
  int age;
  float weight,high,bmi;
  printf("体重质量指数(body mass index ,简称 BMI)\n");
  printf("BMI=体重(kg)除以身高(m)的平方\n");
  printf("正常体重(N):BMI=18～25\n");
  printf("超重体重(V):BMI=25～30\n");
  printf("轻度肥胖(S):BMI>30\n");
  printf("中度肥胖(M):BMI>35\n");
  printf("重度肥胖(L):BMI>40\n");
  printf("@@@@@@@@以下是输入信息@@@@@@@@@\n");
  printf("姓名:加菲猫\n");
  printf("性别:");
  scanf("%c",& gender);
  printf("\n 年龄:");
  scanf("%d",&age);
  printf("\n 体重<kg> :");
  scanf("%f",&weight);
  printf("\n 身高<m> :");
  scanf("%f",&high);
  bmi=weight/(high*high);
  if (bmi>=18&& bmi <=25)fat='N';
  else if (bmi>25&& bmi <=30)fat='V';
  else if (bmi>30&& bmi <=35)fat='S';
  else if (bmi>35&& bmi <=40)fat='M';
  else  fat='L';
  printf("\n\n@@@@@@@@以下是输出信息@@@@@@@@@@@\n");
  printf("@\t 姓名:加菲猫\t\t@\n");
```

```
    printf("@\t 性别:%c \t\t@ \n", gender);
    printf("@\t 年龄:%d\t\t@ \n",age);
    printf("@\t 体重:%.2fkg\t\t@ \n",weight);
    printf("@\t 身高:%.2fm\t\t@ \n",high);
    printf("@\tBMI:%.2f\t\t@ \n",bmi);
    printf("@\t 您的 BMI:%c\t\t@ \n",fat);
    printf("@@@@@@@@@@@@@@@@@@@@@@@@@@@@@@@@@\n");
    return 0;
}
```

运行结果如图 4-18 所示。

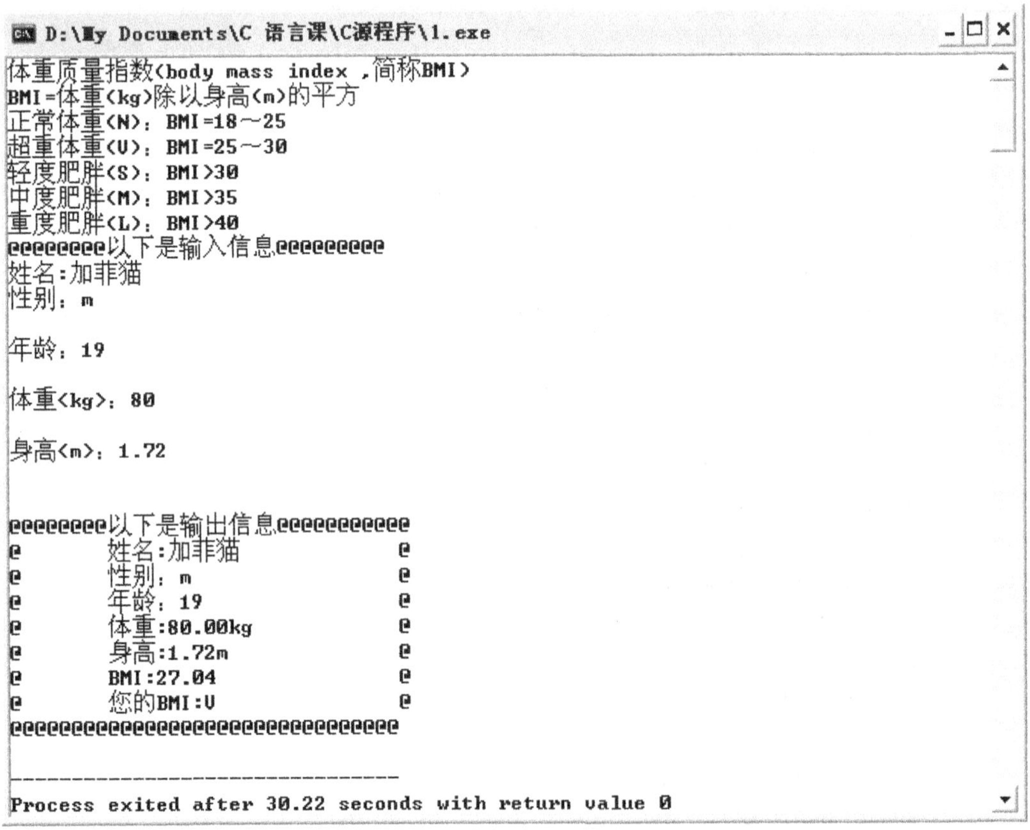

```
D:\My Documents\C 语言课\C源程序\1.exe
体重质量指数(body mass index ,简称BMI)
BMI=体重(kg)除以身高(m)的平方
正常体重(N): BMI=18~25
超重体重(U): BMI=25~30
轻度肥胖(S): BMI>30
中度肥胖(M): BMI>35
重度肥胖(L): BMI>40
@@@@@@@@以下是输入信息@@@@@@@@@
姓名:加菲猫
性别: m

年龄: 19

体重(kg): 80

身高(m): 1.72


@@@@@@@@以下是输出信息@@@@@@@@@@@
@       姓名:加菲猫            @
@       性别: m                @
@       年龄: 19               @
@       体重:80.00kg           @
@       身高:1.72m             @
@       BMI:27.04              @
@       您的BMI:U              @
@@@@@@@@@@@@@@@@@@@@@@@@@@@@@@@@@

--------------------------------
Process exited after 30.22 seconds with return value 0
```

图 4-18　体重指数计算器(判断体重情况)

【拓展延伸】

条件运算符

C 语言提供了条件运算符“？：”。这是 C 语言中唯一一个三元运算符。由条件运算符构成的表达式称为条件运算表达式。

在某些情况下，条件语句 if…else…可以用条件运算表达式来代替。

条件运算表达式的一般形式：

```
表达式 1? 表达式 2:表达式 3
```

执行时，先判断表达式 1 的值，如果其不为 0，则以表达式 2 的值作为条件运算表达式的值，否则，以表达式 3 的值作为条件运算表达式的值。

例如，赋值语句 y=x>0? 10:8 等价于条件语句：

```
if (x>0)  y=10;
else      y=8;
```

【例 4-12】 从键盘输入两个整数，输出其中的较大者。

```
#include <stdio.h>
int main(void)
{
  int a,b;
  printf("Please input two integers:\n ");
  scanf("%d,%d ",&a,&b);
  printf("MAX=%d\n ", (a>b)?a:b);
  return 0;
}
```

【动手试一试】

(1) 先判断以下程序的结果，再上机运行验证。

```
#include <stdio.h>
int main(void)
{
  int a=3,b=4,c=5;
  int n;
  n=a+b>c&&b==c;
  printf("n=%d\n",n);
  return 0;
}
```

① 如果运行结果与自己的运算结果不同，请查找原因。

② 把以上程序的第 6 行分别换成以下几个表达式，并验证结果。

```
n=a||b+c&&b-c;
n=!(a>b)&&!c||1;
n=!(x=a)&&(y=b)&&0;(此行更换前先增加定义 int x 和 int y)
n=!(a+b)+c-1&&b+c/2;
```

(2) 有 3 个数 a,b,c，由键盘输入，输出其中最大的数和最小的数。分别使用四种大小顺序数据做测试，如 1、2、3，3、2、1，3、1、2，2、1、3。

(3) 根据下列数学函数编制程序，输入任意的 x 值，能正确计算 y 值并输出。分别使用数据－1、0.5、5、10 做测试。

$$y=\begin{cases}x & (x<1)\\2x-1 & (1\leqslant x<10)\\3x-11 & (x\geqslant 10)\end{cases}$$

（4）某单位马上要增加工资，增加金额取决于工龄和现有工资两个因素：对于工龄大于等于 20 年的，如果现有工资高于 2000 元，加 200 元，否则加 180 元；对于工龄小于 20 年的，如果现有工资高于 1500 元，加 150 元，否则加 120 元。工龄和现有工资从键盘输入，编程求加工资后的员工工资。测试数据如表 4-3 所示。

表 4-3　测试数据

工龄/年	现有工资/元	调整后工资(人工计算结果)/元
25	2200	2400
22	1900	2080
18	1700	1850
16	1400	1520

（5）有趣的验证：随便输入一个大于 1000 的奇数，你会发现一个有趣的现象，这个数的平方减 1 所得到的差值，永远是 8 的倍数。写段程序验证这个有趣的数学现象。

小提示

我们可以将输入的奇数保存在一个整型变量中。使用基本乘法运算来计算这个数的平方，使用赋值运算将这个数的平方减 1 所得的结果保存在另一个变量中。使用求余运算算所得的结果是不是 8 的倍数，如果求余的结果为 0，就是 8 的倍数，否则，就不是 8 的倍数。

任务 3　switch 语句

【任务导入】

前面讲的 if 语句的嵌套结构可以实现多分支，但实现起来由于嵌套层数过多，会导致程序冗长且较难理解，并使得程序的逻辑关系变得不清晰。那么，采用 switch 语句实现分支结构比较清晰，而且更容易阅读和编写。

【任务分析】

简易计算器的主菜单中含有加法、减法、乘法、除法、退出等几个菜单项，显然属于多分支选择结构，一种方法是用 if…else 语句实现，另一种方法是用 switch 语句实现。

【相关知识】

switch 语句

生活中除了会遇到任务 2 介绍的两种选择结构外，还经常遇到多选一的情况，比如人按年龄可分为婴儿、少年、青年、中年、老年，学生考试成绩分为优秀、良好、中等、及格、不及格，超市按顾客不同的消费金额给予不同的折扣等。C 语言提供了另一种更简洁的多分支结构，即 switch 语句，又称开关语句。

switch 语句的一般形式为：

```
switch(表达式)
{
case   常量表达式 1 : 语句 1;break;
case   常量表达式 2 : 语句 2;break;
……
case   常量表达式 n : 语句 n;break;
default :语句 n+1
}
```

多分支的执行过程：首先计算 switch 后面表达式的值，然后将该值与 case 后各常量表达式的值进行比较；当表达式的值与常量表达式的值相等时，即执行其后的语句，当执行到 break 语句时，则跳出 switch 语句，转向执行 switch 语句下面的语句（即右括号下面的第一条语句）；如果表达式的值与所有 case 后常量表达式的值均不相等，则执行 default 后面的语句，若没有 default 语句，则退出 switch 语句。

说明

（1）格式中的 break 语句不是必需的，应根据需要而定。如果没有 break 语句，则程序执行完这一个 case 语句后，不是跳出 switch 语句，而是继续执行下一个 case 语句，直到遇到 break 语句或 switch 语句结束。

（2）格式中的 default 语句不是必需的。

（3）格式中的{ }是必需的。

（4）多个 case 语句可以共用一组执行语句。

（5）case 后面只能是常量。

（6）同一个 switch 语句中，任意两个 case 后面的常量值不能相同。

（7）switch 语句与 if 语句的不同之处在于：switch 语句只能对整型（含字符型）表达式的值是否等于给定的值进行判断，而 if 语句可以用于判断各种表达式。

【例4-13】 用switch语句实现从键盘输入成绩，转换成相应的等级后输出（90～100分为A，80～89分为B，70～79分为C，60～69分为D，59分及以下为E）。

```
#include <stdio.h>
int main(void)
 {
   int score;
   printf("Please Input A Score: ");
   scanf("%d",&score);
   printf("\n");
   switch(score/10)
    {
      case 10 :
      case 9 : printf("%c\n",'A');break;
      case 8 : printf("%c\n",'B');break;
      case 7 : printf("%c\n",'C');break;
      case 6 : printf("%c\n",'D');break;
      default: printf("%c\n",'E');
    }
    return 0;
}
```

【任务实施】

根据本任务的知识和分析，可以写出简易计算器的程序代码如下：

```
#include <stdio.h>
#include <stdlib.h>                /*使用exit的库函数*/
int main(void)
 {
   float first,second,resault;
   char calculater;
   printf ("\n\n\t|--------------------------------------------------------|\n");
   printf ("\t|                 简 易 计 算 器                     |\n");
   printf ("\t|--------------------------------------------------------|\n");
   printf ("\t|                 '+'--------加法                    |\n");
   printf ("\t|                 '-'--------减法                    |\n");
   printf ("\t|                 '*'--------乘法                    |\n");
   printf ("\t|                 '/'--------除法                    |\n");
   printf ("\t|                 '0'--------退出                    |\n");
   printf ("\t|--------------------------------------------------------|\n");
   printf ("\n\n请按下列格式输入运算式:第一个运算数 运算符 第二个运算数  \n\t");
```

```
    scanf("%f%c%f",&first,&calculater,&second);
    switch ( calculater)
  {
   case '+':resault=first+second;break;
   case '-':resault=first-second;break;
   case '*':resault=first*second;break;
   case '/':
   if (second==0)printf ("\n\t 除数不能为零!\n");
   else resault=first/second;break;
   case '0':exit(0);
   default :printf ("运算符输入错误");
   }
  printf ("运算结果是:");
  printf ("%f%c%f=%f\n",first,calculater,second, resault);
  return 0;
  }
```

运行结果如图 4-19 所示。

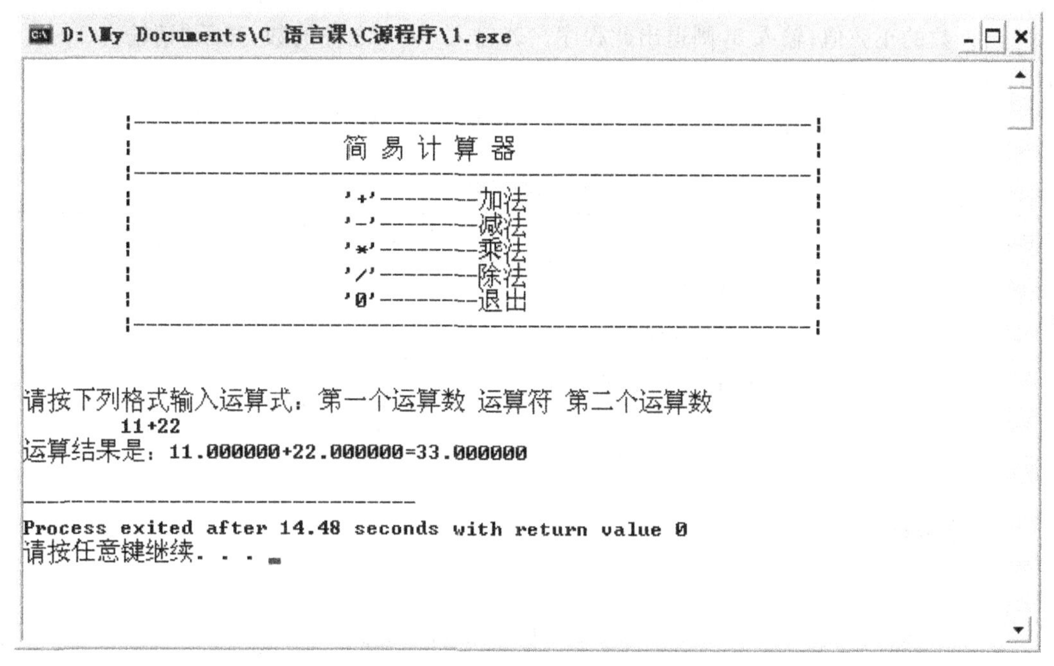

图 4-19 简易计算器运行结果

【动手试一试】

(1) 某商场春节期间搞消费促销活动，方案是多消费多打折。给顾客购物的折扣率如下：

购物金额 ＜ 300 元　　　　　不打折
300 元≤购物金额≤500 元　　9.8 折
500 元＜购物金额≤1000 元　 9.5 折
1000 元＜购物金额≤2000 元 9 折
2000 元＜购物金额　　　　　8.5 折

编一程序计算顾客结账时应当实付的金额。

(2) 编程：输入 1～7 之间的任意数字，程序按照用户输入的数字输出相应的星期值。例如：输入 7，输出星期日。分别使用数据 1，7，8 做测试。

(3) 输入一个实数，编写程序，实现如下功能。

屏幕上显示图 4-20 所示的菜单。

1. 输出相反数
2. 输出平方数
3. 输出平方根
4. 输出正弦值
5. 退出

图 4-20　显示的菜单

输入 1，输出该数的相反数；输入 2，输出该数的平方数；输入 3，输出该数的平方根；输入 4，输出该数的正弦值；输入 5，则退出此程序。若输入 1～5 之外的数，显示“请输入 1～5 之间的数字”。

(4) 某快递公司按表 4-4 收费，编一程序计算某顾客寄快递时应当付的金额。

表 4-4　快递收费标准

地区编号	地　　区	首重 1 kg	续重 500 g
1	江、浙、沪	5	1
2	其他地区	10	5
3	青海、内蒙古、宁夏、甘肃、云南	15	7
4	新疆、西藏	20	10

思考与练习

一、选择题

1. 能正确表示逻辑关系“a≥10 或 a≤0”的 C 语言表达式是(　　)。

A. a>=10 or a<=0　　　　B. a>=0||a<=10

C. a>=10 &&a<=0　　　　D. a>=10||a<=0

2. 为表示关系 x≥y≥z，应使用 C 语言表达式(　　)。

A. (x>=y)&&(y>=z)　　　　B. (x>=y)AND(y>=z)

C. (x>=y>=z)　　　　D. (x>=y)&(y>=z)

3. 设 a=1,b=2,c=4。

(1) a+b>c&&b==c;(2)!(x=a)&&(y=b)&&0;(3)!(a>b)&&!c||1。

以上三个逻辑表达式的值为真的是(　　)。

A. (1)(2)　　B. (1)(3)

C. (3)　　D. 没有一个

4. 以下 4 个选项中,不能看作一条语句的是(　　)。

A. {;}　　B. a=0,b=0,c=0;

C. if(a>0);　　D. if(b==0)m=1;n=2;

5. 设"int A=3,B=4,C=5;"则,下列表达式中,值为 0 的表达式是(　　)。

A. A&&B　　B. A<=B

C. A||B+C&&B　　D. !((A<B)&&!C||1)

6. 能正确表示 a 和 b 同时为正或同时为负的逻辑表达式是(　　)。

A. (a>=0 || b>=0)&&(a<0 || b<0)

B. (a>=0&&b>=0)||(a<0&&b<0)

C. (a+b>0)&&(a+b<=0)

D. a * b>0

7. 执行下列语句

```
int a=8,b=7,c=6;
if (a<b)if (b>c){a=c;c=b;}
printf("%d,%d,%d\n",a,b,c);
```

后输出的结果是(　　)。

A. 6,7,7　　B. 6,7,8　　C. 8,7,6　　D. 8,7,8

8. 以下程序运行后的输出结果是(　　)。

```
int main(void)
{ int x=10,y=20,t=0;
if(x==y)t=x;x=y;y=t;
printf("%d,%d \n",x,y);
}
```

A. 10,20　　B. 20,10　　C. 20,0　　D. 10,10

9. 若从键盘输入 56,则以下程序输出的结果是(　　)。

```
int main(void)
{ int  a;
scanf("%d",&a);
if(a>50)
if(a>40)printf("%d",a);
else  printf("%d",a-1");
if(a>30)  printf("%d",a);
else  printf("%d",a+1");
}
```

A. 57　　B. 5656　　C. 5557　　D. 5657

10. 有如下程序：

```
int main(void)
{   int x=1,a=0,b=0;
    switch(x)
{ case  0: b++;
case  1: a++;
case  2: a++;b++;}
printf(" a=%d,b=%d\n",a,b);}
```

该程序的输出结果是(　　)。

A. a=2,b=1　　B. a=1,b=1　　C. a=1,b=0　　D. a=2,b=2

二、填空题

1. 表示条件 10<X 或 X<0 的 C 语言表达式是________。

2. C 语言表达式 5>2>7>8 的值是________。

3. 若有定义“int a=10,b=20,c;”,则执行“c=(a%b<1)||(a/b>1);”后 c 的值为________。

4. 有“int x,y,z;”且“x=4,y=−5,z=6;”,则表达式！(x>y)+(y!=z)||(x+y)&&(y−z)的值为________

5. 下面程序执行的结果是________。

```
int main(void)
{ int x=3,y=0,z=0;
if(x=y+z)  printf("YES");
else    printf("NO");
}
```

项目5　可重复计算的简易两数计算器——循环结构程序设计

学习目标

1. 知识目标

(1) 理解循环结构程序设计的基本思想。

(2) 理解 while、do…while 和 for 语句的定义格式和执行过程。

(3) 掌握 while、do…while 和 for 语句实现循环结构的方法。

(4) 理解循环嵌套的定义原则和执行过程。

(5) 掌握用 while、do…while 和 for 语句实现两重循环的方法。

(6) 掌握 break 和 continue 转移语句的使用方法和区别。

2. 能力目标

(1) 具备应用循环结构设计算法的能力。

(2) 具备根据处理需要设计循环体、循环控制和设置循环初值的能力。

(3) 培养软件开发人员必备的逻辑思维清晰、流程控制正确的基本素质。

【项目描述】

在上一项目中我们完成了利用了C语言的分支结构(即选择结构)可以实现两个数的任意四则运算,但这个计算器计算一次后程序就结束了,不能继续下一次计算,因此这种程序无法进入实际应用。使用者需要一个程序运行后,能连续不断地进行运算,只有选择退出才能结束程序。

任务1　计算器功能的循环执行设计

【任务导入】

设计一个能连续不断地进行运算,只有选择退出才能结束的程序。这种能重复运算的功能就是用C语言的循环结构来实现的。

【任务分析】

要实现本项目要求的重复计算的功能就必须用到循环结构。在C语言中，可用下列语句实现循环结构：

（1）while语句；

（2）do…while语句；

（3）for语句。

【相关知识】

在生活中，经常会遇到重复处理的问题，例如学校期末输入某门统考科目的成绩、店铺门口的LED广告条屏中反复播放的文字广告、自动取款机完成的存取款的动作、查找某个单位5年以上工龄的员工。这时就必须采用循环结构。循环结构是程序中一种很重要的结构，也是计算机最擅长的工作。顾名思义：循环就是从一点出发又回到这一点。循环结构的特点是：在给定条件成立时，反复执行某程序段，直到条件不成立为止（时钟有电时转动，无电时停止）。给定的条件称为循环条件。反复执行的程序段称为循环体。

循环是许多问题解决方案的基本组成部分，特别是那些涉及大量数据的问题。一般来说，解决这类问题的程序需要对每个数据执行同样的操作。C语言用三个循环语句来表达循环结构：while语句、do…while语句、for语句。这三个语句功能相同，写出的程序可以互换。当然，它们在代码的执行效率上是不一样的。

一、while语句

while语句用来实现当型循环结构。其一般形式为：

```
while(表达式)
    循环体语句
```

其中：while是关键字；表达式和if语句中的含义一样，称为循环条件；循环体语句为重复执行的程序段。

while语句的执行过程如下。

步骤1：先判断表达式的值为真或假。

步骤2：如果表达式的值为真，执行循环体语句，再重复执行步骤1；如果表达式的值为假，则结束循环，跳过循环体语句，执行while语句的下一句。

说明

（1）循环条件常用的一般是关系表达式或逻辑表达式，只要其结果是真（非0）即可继续循环。

（2）循环体语句可以是单个语句、空语句，也可以是复合语句。如果是复合语句，要用花括号{}括起来。

while 语句的流程图如图 5-1 所示。

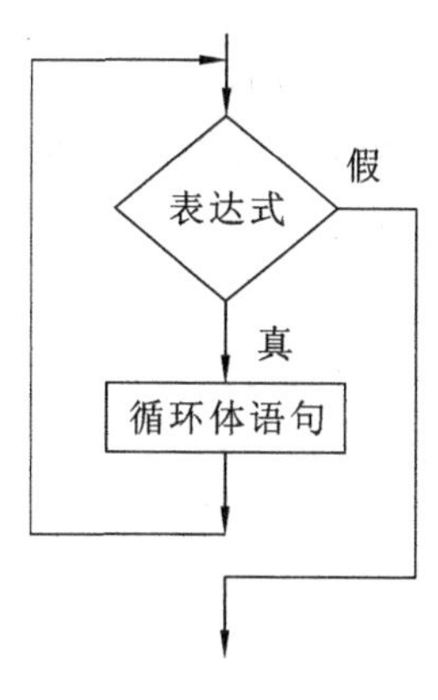

图 5-1 while 语句流程图

【例 5-1】 用 while 语句实现一个很炫的效果——“黑客帝国”。

```
#include <stdio.h>
#include <stdlib.h>             /*system 函数的头文件*/
int main(void)
{
   system ("color 0a");         /*用 system 函数的设置
                                  输出,背景为黑色,前景
                                  为浅绿色*/
   while (1)
   printf("0 1");
   return 0;
}
```

执行上面的代码后计算机就会不停地在屏幕上输出 0 和 1。

【例 5-2】 用 printf 函数连续输出 10 个 * 。

方法一：

```
#include <stdio.h>
int main(void)
{
  printf("*********\n");
  return 0;
}
```

方法二：

```
#include <stdio.h>
int main(void)
  {
   printf("*");
   printf("*");
   printf("*");
   printf("*");
   printf("*");
   printf("*");
   printf("*");
   printf("*");
   printf("*");
   printf("*");
   return 0;
}
```

显然,这两种方法都太麻烦了。如果要输出上千个 * ,难道要在键盘上敲上千次 * 吗?

从 while 语句的执行过程可知，假如我们想输出 10 个 *，我们需要解决的就是如何让 while()中的关系表达式在前 10 次是成立的，在第 11 次的时候就不成立了。根据我们之前学的知识，很显然，while 语句后面的()中的表达式应当用关系表达式。但这个关系表达式肯定不能是两个常量之间的关系表达式，因为常量之间的关系表达式非真即假，而且不会改变。例如 1<=100 这个关系表达式是永远成立的，这样并不能满足我们的要求。我们需要一个新的关系表达式，这个式子有时候成立，有时候不成立。我们可以尝试带有变量的关系表达式，例如 a<=10。因为 a 是一个变量，a 的值是可以变化的。当 a 中的值是 1 的时候，a<=10 是成立的；当 a 中的值是 11 的时候，a<=10 就不成立了，这正好满足了我们对于表达式 a<=10 有时候成立有时候不成立的要求。对于 a<=10 这个关系表达式是否成立的关键就在于 a 这个变量的值是多少。

如果我们想让 a<=10 在前 10 次成立，在第 11 次不成立的话，我们只需要让变量 a 中的值从 1 变化到 11 就可以了。那么，如何让变量 a 中的值从 1 变化到 11 呢？我们只需要在最开始的时候将变量 a 的值赋为 1，然后 while 每循环一次，就将变量 a 的值在原来的基础上加 1 就可以了。当变量 a 的值加到 11 的时候，a<=10 就不成立了，就会结束循环。

【例 5-3】 使用 while 语句连续输出 10 个 *。

```
#include <stdio.h>
int main(void)
{
    int a=1;
    while (a<=10)           /* a<=10 为循环结束的条件 */
    {
      printf("*");          /* {}里就是循环体，在循环体中必须有修改循环变量的语句 */
     a++ ;
    }
     return 0;
}
```

【例 5-4】 编程：计算 1+2+3+4+…+99+100 的和。

分析：这个题如果从数学的角度去解，一般会用等差数列的求和公式或利用数学家高斯的办法——依次头尾相加。当然，还有一种最笨的办法，就是先做 1+2 这两个数的加法，将产生的和与新的数 3 再相加，按照这个办法依次加到 100，结束。从计算机的算法角度来说，最好的算法却是数学上最笨的做法，因为用等差数列的求和公式没有普遍性，比如 $\sin1^\circ+\sin2^\circ+\sin3^\circ+\cdots+\sin99^\circ+\sin100^\circ$ 就不能用这个方法。高斯的解法更是一种特殊方法。反而是第三种方法，虽然对于人来说简单枯燥，但计算机不会感觉枯燥，计算机做加法速度非常快，而且现在计算机 CPU 运行速度更是惊人，可以通过快速运算来弥补加法次数多的缺点。

计算 1～100 的和就是重复做 99 次加法，首先定义变量 sum 及用于循环的变量 i，每循环一次，做一次 sum=sum+i 运算，且循环变量 i 自增长 1，当 i 增加到 101 时循环结束。

程序代码如下：

```
#include <stdio.h>
  int main(void )
  {
     int i=1,sum=0;
     while (i<=100)      /*i<=100为循环结束的条件*/
     {
        sum=sum+i;       /*{}里就是循环体,在循环体中必须有修改循环变量的语句*/
        i++;
     }
     printf("sum=%d\n",sum);
     return 0;
}
```

程序运行结果为 5050。

【例 5-5】 输出 100 以内所有是 3 的倍数的数之和。

分析:这个问题可归纳为在这个区间内对所有的数进行条件筛选。为了不漏掉所有满足条件的数,必须用循环语句,筛选可采用选择结构。

程序代码如下：

```
#include <stdio.h>
  int main(void )
  {
     int i=1,sum=0;
     while (i<=100)             /*i<=100为循环结束的条件*/
     {
        if (i%3==0)             /*能被 3 整除的数就是满足条件的数*/
        sum=sum+i;
        i++;
     }
     printf("sum=%d\n",sum);   /*输出和*/
     return 0;
}
```

二、do…while 语句

do…while 语句和 while 语句的功能基本类似,但是其 C 语言表示略微有点区别。do…while 语句的一般形式为：

```
do
循环体语句
while(表达式);
```

其中,do 是 C 语言的关键字,必须和 while 联合使用。注意 while 的表达式后有分号,其他同 while 语句。

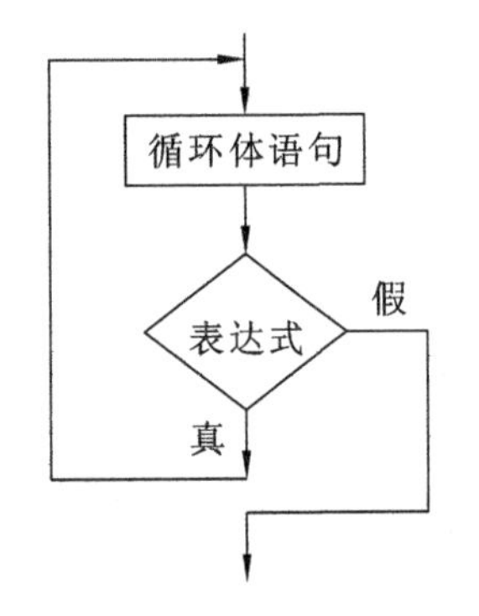

图 5-2 do…while 语句的流程图

do…while 语句的执行过程如下。

步骤 1：先执行循环体语句，然后判断表达式的值为真或假。

步骤 2：如果表达式的值为真，再重复执行步骤 1；如果表达式的值为假，则结束循环，跳过循环体语句，执行 while 语句的下一句。

do…while 语句的流程图如图 5-2 所示。

下面用 do…while 语句实现上述几个例子的编程。

【例 5-6】 用 do…while 语句实现一个很炫的效果——“黑客帝国”。

```
#include <stdio.h>
#include <stdlib.h>              /*system 函数的头文件*/
int main(void)
{
    system ("color 0a");         /*用 system 函数的设置输出,背景为黑色,前景为浅绿色*/
    do
    printf("01");
    while (1);
    return 0;
}
```

【例 5-7】 用 do…while 语句实现连续输出 10 个 * 。

```
#include <stdio.h>
  int main(void )
  {
     int a=1;
     do
      {printf("*");             /*{}里就是循环体,在循环体中必须有修改循环变量的语句*/
      a++;
      }
      while (a<=10);            /*a<=10 为循环结束的条件*/
      return 0;
}
```

【例 5-8】 用 do…while 语句编程计算 1+2+3+4+…+99+100 的和。

```
#include <stdio.h>
int main(void)
{
   int i=1,sum=0;
   do
```

```
        { sum=sum+i;      /*{}里就是循环体,在循环体中必须有修改循环变量的语句*/
          i++;
            }
        while (i<=100); /*i<=100为循环结束的条件*/
        printf("sum=%d\n",sum);
        return 0;
}
```

do…while 语句与 while 语句是有区别的,请看下例。

【例 5-9】 do…while 语句与 while 语句的区别。

```
#include <stdio.h>
  int main(void)
    {
      int i=10;
       while(i<10)
       {
        printf("%d\n",i);
        i++;
        }
      return 0;
  }
```

```
#include <stdio.h>
int main( )
  {  int i= 10;
     do
      { printf("%d\n", i);
        i++;
      }
     while(i<10);
     return 0;
}
```

上面左侧程序的输出结果是什么都不打印,最终 i 的值为 10;右侧程序的输出结果是 10,最终 i=11。

三、for 语句

for 语句是 C 语言提供的另一种循环语句。在功能上,它和 while 语句一样,根据条件来选择某些语句是否继续重复循环执行。比起 while 语句,for 语句稍微有些复杂,因为它糅合了 while 语句以外的其他语句。

for 语句的一般形式如下:

```
for(表达式 1;条件;表达式 2)   循环体语句
```

for 语句是按照下面的步骤一步一步地执行的。

(1) 进行表达式 1 的运算。

(2) 判断条件是否为真,如果为“真”,则执行循环体语句,然后进行第(3)步;否则结束 for 语句,执行 for 循环结构后面的语句。

(3) 进行表达式 2 的运算,并转入第(2)步。

可以画出类似 while 语句的流程图来表示 for 循环结构的执行流程,如图 5-3 所示。从图 5-3 中可以看出,for 循环结构和 while 循环结构的最大不同,就是它在 while 循环结构的执行流程的前面加入了一个表达式 1,在后面加入了表达式 2。

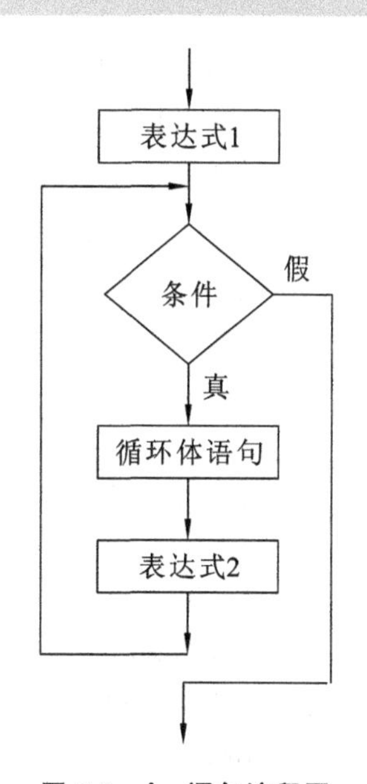

图 5-3　for 语句流程图

for 循环结构融合了两个表达式到循环结构里，使得循环结构的实现变得紧凑、直观。

还是以让计算机输出 10 个 * 为例。

【例 5-10】 输出 10 个 * 。

```
#include <stdio.h>
int main(void)
{
    int a;
    for(a=1;a<=10;a++)printf("*");
    return 0;
}
```

对比前面讲的 while 语句的例子可以发现：将给 a 赋初值作为 for 语句的“表达式 1”了，将 a 自增作为 for 语句的“表达式 2”了。上述例子中 for 语句单独列出如下：

```
for(循环变量赋初值;循环条件;循环变量增值)循环体语句
```

for 语句的这种方式也称为步长循环。这也是 for 语句最常用的形式。

【例 5-11】 用 for 语句编程计算 1+2+3+4+…+99+100 的和。

```
#include <stdio.h>
  int main(void )
  {
      int i,sum=0;
      for(i=1;i<=100;i++)sum=sum+i;
      printf("sum=%d\n",sum);
      return 0;
}
```

for 语句的使用非常灵活，表达式和条件都可以省略。

(1) for 语句的一般形式中的“表达式 1”可以省略，此时应在 for 语句之前给循环变量赋初值。注意省略表达式 1 时，其后的分号不能省略。如：

```
for(;i<=100;i++)sum=sum+i;
```

执行时，跳过“求解表达式 1”这一步，其他不变。

(2) 如果条件省略，即不判断循环条件，循环无终止地进行下去，也就是认为条件始终为真。如：

```
for(i=1;;i++)sum=sum+i;
```

表达式 1 是一个赋值表达式，条件空缺。它相当于：

```
      i=1;
    while(1)
{sum=sum+1;i++;}
```

(3) 表达式 2 也可以省略，但此时程序设计者应另外设法保证循环能正常结束。如：

```
for(i=1;i<=100;){sum=sum+i;i++;}
```

在上面的 for 语句中只有表达式 1 和条件，而没有表达式 2。i++的操作不放在 for 语句的表达式 2 的位置处，而作为循环体的一部分，效果是一样的，都能使循环正常结束。

(4) 可以省略表达式 1 和表达式 2，即只给循环条件。如：

```
for(;i<=100;){sum=sum+i;i++;}   相当于   while(i<=100){sum=sum+i;i++;}
```

在这种情况下，完全等同于 while 语句。可见，for 语句比 while 语句功能强，除了可以给出循环条件外，还可以赋初值，使循环变量自动增值等。

(5) 2 个表达式和条件都可省略，如：

```
for(;;)语句        相当于        while(1)语句
```

即不设初值，不判断条件(认为条件为真值)，循环变量不增值。无终止地执行循环体。

(6) 表达式 1 可以是设置循环变量初值的赋值表达式，也可以是与循环变量无关的其他表达式。如：

```
for (sum=0;i<=100;i++)sum=sum+i;
```

表达式 2 也可以是与循环控制无关的任意表达式。

【任务实施】

由于计算器的基本功能在上个项目中已经完成，本任务主要完成循环的设计，从使用者的角度考虑，这个计算器一定会计算一次，然后才会出现提问是否要重复计算的问题，故选择 do…while 语句。

```
#include <stdio.h>
int main(void)
{
  float first,second,resault;
  char calculater,cont;
  printf ("\n\n\t|--------------------------------------------------------|\n");
  printf ("\t|简 易 计 算 器                                  |\n");
  printf ("\t|--------------------------------------------------------|\n");
  printf ("\t|                 '+'--------加法                     |\n");
  printf ("\t|                 '-'--------减法                     |\n");
  printf ("\t|                 '*'--------乘法                     |\n");
  printf ("\t|                 '/'--------除法                     |\n");
  printf ("\t|--------------------------------------------------------|\n");
  do
  {
    printf ("\n\n请按下列格式输入运算式:第一个运算数 运算符 第二个运算数  \n\t");
    scanf("%f%c%f",&first,&calculater,&second);
    printf ("运算结果是:");
    switch ( calculater)
  {
 case '+':resault=first+second;break;
 case '-':resault=first-second;break;
 case '*':resault=first*second;break;
```

```
        case '/':resault=first/second;break;
        default:printf ("运算符输入错误");
        }
        printf ("%f% c%f=%f\n",first,calculater,second, resault);
        printf ("\n\n继续计算请按'Y'或'y',退出请按其他字符 \n\n");
        scanf("\n%c",&cont);
        }
        while (cont=='Y'||cont=='y');
        return 0;
    }
```

运行结果如图 5-4 所示。

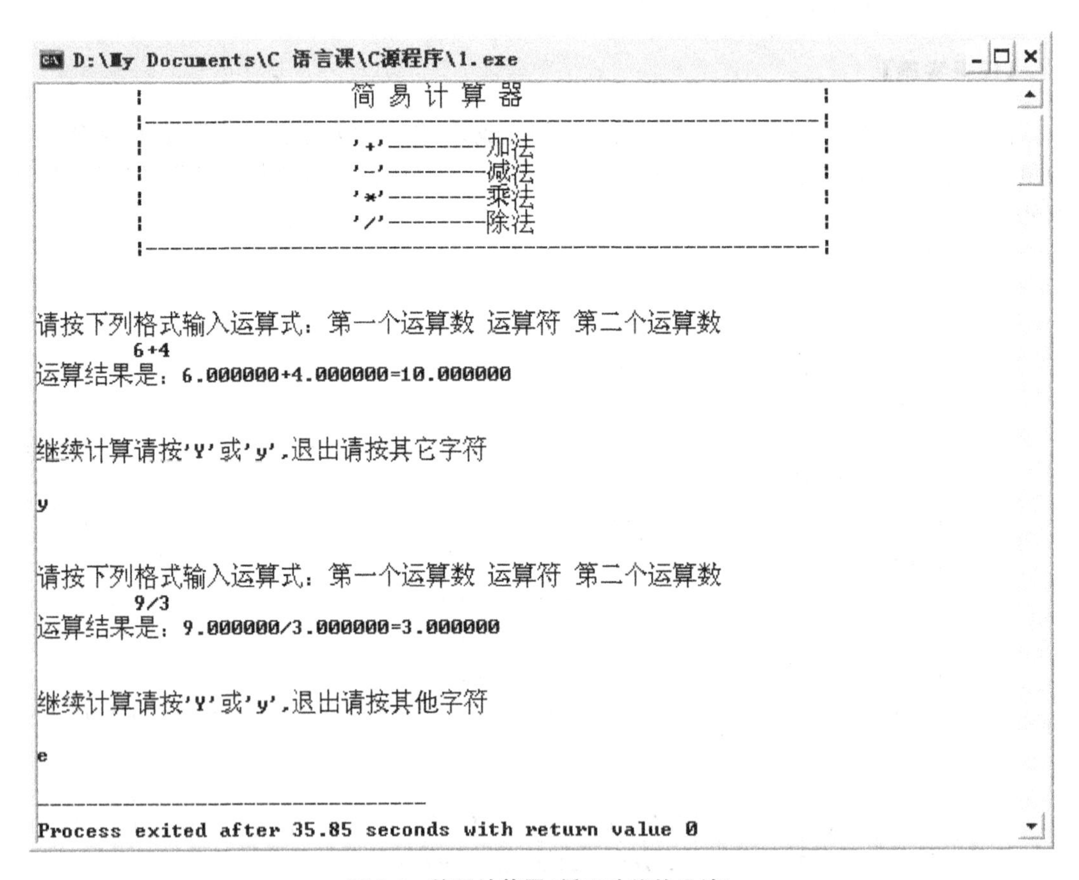

图 5-4 简易计算器(循环功能的设计)

【动手试一试】

(1) 输出 100 以内所有奇数之和。(实际结果应为 2500)

(2) 在 1～500 中,输出能同时满足用 3 除余 2、用 5 除余 3 和用 7 除余 2 的所有整数。

(3) 计算 s=1+2+4+8+…的前 10 项之和。(实际结果应为 1023)

(4) 计算 s=1/1+1/2+1/3+…+1/100。(实际结果应为 5.187 378)

(5) 计算 s=2/1+3/2+5/3+8/5+…的前 10 项之和。(实际结果应为 16.479 9)

(6) 有一堆零件(100～200 个之间),如果以 4 个零件为一组进行分组,则多 2 个零件;如果以 7 个零件为一组进行分组,则多 3 个零件;如果以 9 个零件为一组进行分组,则多 5 个零件。编程求解这堆零件总数。(实际结果应为 122)

提示

用穷举法求解。零件总数 x 从 100～200 循环试探,如果满足所有几个分组已知条件,那么此时的 x 就是一个解。分组后多几个零件这种条件可以用求余运算获得条件表达式。

(7) 求 1 到 1000 之间所有满足各位数字的立方和等于它本身的数(称水仙花数)。例如 153 的各位数字的立方和是 $1^3+5^3+3^3=153$。

(8) 有 4 位同学中的一位做了好事没留名,表扬信来了之后,校长问这 4 位同学谁做了好事。

A 说:不是我。

B 说:是 C。

C 说:是 D。

D 说:C 胡说。

已知 3 个人说的是真话,1 个人说的是假话。现在要根据这些信息,找出做了好事的人。

分析:将 4 人用 1、2、3、4 编号,分别列举各种情况来解决问题。变量 x 表示做好事者的编号,则 x 从 1 到 4。4 个人所说的话分别写成:

A 说:x! =1

B 说:x==3

C 说:x==4

D 说:x! =4

当这 4 个逻辑式的值相加等于 3 时,也就是 3 个人说的话是真的,即可得到答案。

核心代码如下:

```
int x;
char g;
for( x=1;x<=4;x++)
if ((x!=1)+ (x==3)+ (x==4)+ (x!=4)==3)
printf("the goodpeople is %c\n",g=64+x);
```

任务2 循环的嵌套

【任务导入】

上个任务我们学习了C语言的三个循环语句,可以通过循环语句完成一些重复的事情。if语句和循环语句统称为控制语句,虽然功能有点复杂,但从语法本身来看就是一条语句。if语句自身的子句可以出现嵌套的情况,循环结构同样也会出现子句是循环语句的情况,这就是循环的嵌套。循环的嵌套是指一个循环体内又包含另一个完整的循环结构。这样的情况可以用时钟来打比方,设指针走一格代表执行一次循环,那么一小时里,分针要走60格,而分针每走一格,秒针也要走60格。如此,秒针的走动可以看成是内层循环,而分针的走动可以看成是外层循环。

【任务分析】

循环语句有三种,while、do…while、for三种循环语句都可以进行嵌套,具体的语法结构要保证两个循环不能交叉,结合具体任务来学习循环的嵌套。

【相关知识】

一、两重嵌套的构成

```
(1) while (     )。
    {…
    while (     )。
    …
    }
```

```
(2) while (     )。
    {…
    do
    {…
      }
    while ( );
    …
    }
```

```
(3) while (     )。
    {…
    for (;   ;)
    }
```

```
(4) do
    {…
    while (     )。
    …
    }
    while ( );
```

```
(5) for (;   ;)
    {…
    while (     )。
    …
    }
```

```
(6) for (;   ;)
    {…
    for (;   ;)
    …
    }
```

二、举例

【例 5-12】 输出 50 行 40 列由 * 组成的图案。

分析:图案可看成是输出 40 列 * 图案的 50 次重复,输出 40 列 * 图案由一个小循环完成,50 次重复可以用另一个大循环完成,这就是典型的循环的嵌套。

```
#include <stdio.h>
int main(void)
{
  int i,j;                      /*定义两个变量,i 用于行,j 用于列*/
  for (i=1;i<=50;i++)           /*行循环*/
  {
    for (j=1;j<=40;j++)         /*列循环,输出 40 个**/
    printf("*");
    printf("\n");               /*换行语句一定要有*/
  }
  return 0;
}
```

【例 5-13】 用循环语句输出下列图案。

```
1
1 2
1 2 3
1 2 3 4
1 2 3 4 5
1 2 3 4 5 6
```

分析:图案可看成是输出从 1 开始到 i 列结束的数字的 6 次重复,输出从 1 开始到 i 列结束的数字可由一个小循环完成,6 次重复可以用另一个大循环完成,这就是典型的循环的嵌套。

```
#include <stdio.h>
int main(void)
{
  int i,j;                      /*定义两个变量,i 用于行,j 用于列*/
  for (i=1;i<=6;i++)            /*行循环*/
    {
     for (j=1;j<=i;j++)         /*列循环,输出变量 j 的值,j<=i 是总结出来的算法*/
     printf("%2d",j);
     printf("\n");              /*换行语句一定要有*/
     }
return 0;
}
```

【任务实施】

下面以我国古代数学家张邱建在《算经》一书中提出的"百钱买百鸡问题"为例来介绍循环嵌套的应用。

我国古代数学家张邱建在《算经》一书中提出的数学问题：鸡翁一，值钱五；鸡母一，值钱三；鸡雏三，值钱一。百钱买百鸡，问鸡翁、鸡母、鸡雏各几何？

分析：从数学角度解此题的方法如下。

先设三个未知数：设鸡翁 x 只，鸡母 y 只，鸡雏 z 只。

根据已知条件可列下列方程：

$x+y+z=100$………①

$5x+3y+z/3=100$………②

且 x,y,z 为整数。从数学知识可知，三个未知数列出两个方程，说明方程有多解。

算法 1：求多解的方法中最容易理解的方法是穷举法。

具体办法是：由于只有 100 钱，则 $5x \leqslant 100$，即 $0 \leqslant x \leqslant 20$，同理，$0 \leqslant y \leqslant 33$，则 $z=100-x-y$。

令 x 从 0 开始，再令 y 从 0 开始，则 $z=100-x-y$。这三个具体的数字有了，再代入方程②（方程②可简化成 $15x+9y+z=300$），如果方程成立，说明 x，y 是解，如果不成立，y 增加到 1，重复刚才的过程，直到 y 增加到 33。当 $x=0$ 的所有情况都穷举后，x 增加到 1，重复 y 从 0 增加到 $33-x$ 的试验方程。按此方法，x 从 0 开始增加到 20。如果这个过程全部做完，肯定将所有的解找出来。显然，这个方法简单但工作量大。但重复做这种数学运算，用计算机的循环结构很容易实现。x 的值变化可用外循环，y 的值变化可用内循环，用一个循环的嵌套就可以完成此任务。

代码如下：

```
#include <stdio.h>
int main(void)
{
    int cocks,hens,chicks;                          /*定义三个变量*/
    for(cocks=0;cocks<=20;cocks++)                  /*鸡翁变量的穷举循环*/
     for(hens=0;hens<=33-cocks;hens++)              /*鸡母变量的穷举循环*/
      {
         chicks=100-cocks-hens;                     /*当鸡翁和鸡母的数量确定后鸡雏的数
                                                      目计算*/
         if(15*cocks+9*hens+chicks==300)            /*注意：*号不能少，==和=号的差别*/
         printf("cocks=%d hens=%d chicks %d\n",cocks,hens,chicks);        /*输出结果*/
    }
    return 0;
}
```

运行结果如图 5-5 所示。

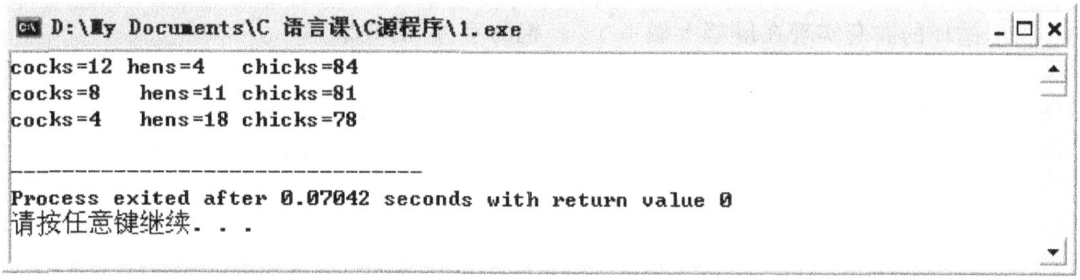

```
D:\My Documents\C 语言课\C源程序\1.exe
cocks=12 hens=4   chicks=84
cocks=8   hens=11 chicks=81
cocks=4   hens=18 chicks=78

--------------------------------
Process exited after 0.07042 seconds with return value 0
请按任意键继续. . .
```

图 5-5　百钱买百鸡程序运行结果

算法 2：

x＋y＋z＝100………①

5x＋3y＋z/3＝100………②

令②×3－①得：14x＋8y＝200

所以 y＝25－(7/4)x………③

又因为 0＜y＜100，为自然数，则可令

x＝4k………④

将④代入③可得

y＝25－7k………⑤

将④⑤代入①可知

z＝75＋3k………⑥

要保证 0＜x，y，z＜100 的话，k 的取值范围只能是 1，2，3。

代码如下：

```
#include <stdio.h>
int main(void)
{
    int cocks,hens,chicks,k;
    for(k=1;k<=3;k++)
      {  cocks=4*k;
         hens=25-7*k;
         chicks=75+3*k
         printf("cocks=%d hens=%d chicks=%d\n",cocks,hens,chicks);
    }
    return 0;
}
```

从这个题中，读者可以体会算法与数学解法之间的关系。

【拓展延伸】

利用循环的嵌套实现在屏幕上做一个“奔跑的字母”的效果。

```
#include <stdio.h>
#include <stdlib.h>          /*因使用 system 函数,故要有函数使用头文件*/
#include <windows.h>         /*因使用 Sleep 函数,故要有函数使用头文件*/
int main(void)
 {
    int a,b;                 /*a 是字母移动的总列数,b 用来控制字母移动的列数*/
    a=0;
    while (a<=40)            /*设字母移动的总列数最大为 40 列*/
    {
       system("cls");        /*功能是清屏,清除所有显示的信息*/
       b=1;
       while (b<=a)
        {                    /*功能是让字母前的空格数随字母的位置增加*/
         printf(" ");
         b++;
        }
      printf("H");
    Sleep(1000);             /*Sleep 中的 S 要求大写,使用 Sleep,参数为毫秒*/
    a++;
    }
    Sleep(5000);
    return 0;
 }
```

【动手试一试】

(1) 编制程序,输出由“*”组成的平行四边形的图形:

```
        * * * * * * * * * *
       * * * * * * * * * *
      * * * * * * * * * *
     * * * * * * * * * *
    * * * * * * * * * *
```

(2) 编制程序,输出由“*”组成的正三角形,边长由程序输入。例如 n=4,输出图形:

```
   *
  * * *
 * * * * *
* * * * * * *
```

(3) 有 30 个人，其中有成年男人、成年女人和小孩，在一家饭馆吃饭共花了 50 先令，每个成年男人花 3 先令，每个成年女人花 2 先令，每个小孩花 1 先令。问成年男人、成年女人和小孩各有几人？

分析：此题有点类似于“百钱买百鸡”问题，假设有成年男人 x 个、成年女人 y 个、孩子 z 个。

则可以用一个三元一次方程组表示这个问题。只要求出这个方程组的解，就可以知道这次聚餐有多少个成年男人、成年女人和小孩了。根据具体情况，可以知道人的个数都是整数，并且这次聚餐中成年男人最多不超过 16 个，成年女人最多不超过 25 个，小孩最多不超过 30 个。通过这些实际条件，可以方便我们编程，确定到底要对哪些数进行验证。

(4) 已知 $6\leqslant a\leqslant 30$，$15\leqslant b\leqslant 36$，求出满足不定方程 $2a+5b=126$ 的全部整数组解。如 (13,20)就是其中一组解，并按此格式输出每个解。

任务 3 循环的中止

【任务导入】

前面任务中我们学习了 C 语言的循环结构及循环的嵌套，这些循环的次数都是确定的。有些工作也需要循环结构去实现，但是循环的次数是不确定的，当达到某个条件时需要中途中止循环。比如，在一个学校的在校生中找出 5 名得过国家奖学金的学生(实际得过国家奖学金的人数是 50 名)，一旦找到 5 名满足条件的学生，此工作即结束。

【任务分析】

要实现循环的中止要考虑两种情况：一是中止本层循环；二是中止本次循环，提前进入下一轮循环。需要学习两个关键字：break 和 continue。

【相关知识】

一、break 语句

当 break 用于开关语句 switch 中时，可使程序跳出 switch 而执行 switch 以后的语句。当 break 语句用于 do…while、for、while 循环语句中时，可使程序终止循环而执行循环后面的语句，不再判断执行循环的条件是否成立，即使满足循环条件时也跳出循环。

在多层循环中，一个 break 语句只向外跳一层。break 语句不能用于循环语句和 switch 语句之外的任何其他语句中。

【例 5-14】 break 语句示例。

```
#include <stdio.h>
int main(void)
{
  int i, s=0;
  for ( i=1;i<=10;i++)
    {
       if (i==6)break;
       s+=i;
    }
    printf("s=%d\n", s);
    return 0;
    }
```

上面的循环会因为 break 语句而在 i=6 时提前终止。

【例 5-15】 依次计算半径为从 1 开始的正整数对应的圆的面积，当面积大于 200 时停止计算。

```
#include <stdio.h>
int main(void)
{
   int r=1;
   float area;
   while(1)
   {
      area=3.1416*r*r;
      if (area >=200)break;
      printf("r=%d  area=%f \n", r, area);
      r++;
   }
   return 0;
}
```

运行结果如图 5-6 所示。

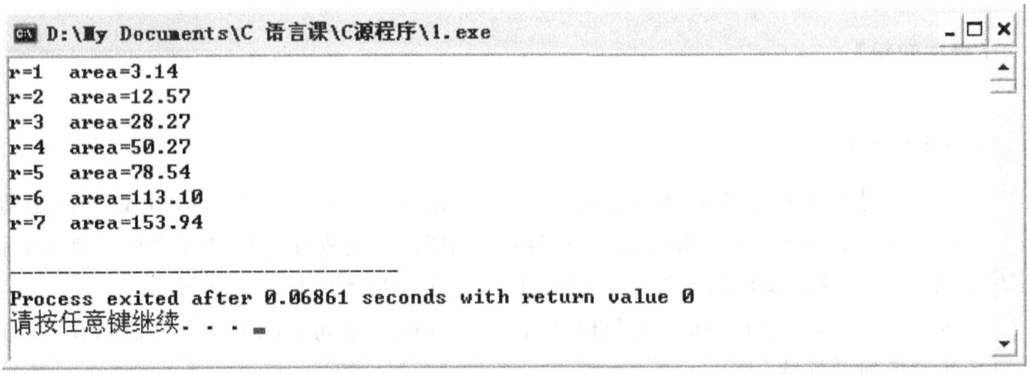

```
D:\My Documents\C 语言课\C源程序\1.exe
r=1  area=3.14
r=2  area=12.57
r=3  area=28.27
r=4  area=50.27
r=5  area=78.54
r=6  area=113.10
r=7  area=153.94

--------------------------------
Process exited after 0.06861 seconds with return value 0
请按任意键继续. . .
```

图 5-6 例 5-15 程序运行结果

二、continue 语句

continue 语句的作用是结束本次循环（而不是终止整个循环的执行），即跳过循环体中下面尚未执行的语句，接着进行下一次是否执行循环体的判定。

【例 5-16】 将例 5-14 中的 break 语句换成 continue 语句。

```
#include <stdio.h>
int main(void)
{
   int i, s=0;
   for ( i=1;i<=10;i++)
   {
     if (i==6)continue;
     s+=i;
   }
   printf("s=%d \n", s);
   return 0;
   }
```

当 i=6 时就不会将 i 累加到 s 中，s 的最终值是 1+2+3+4+5+7+8+9+10=49，唯独少一个 6，如图 5-7 所示。

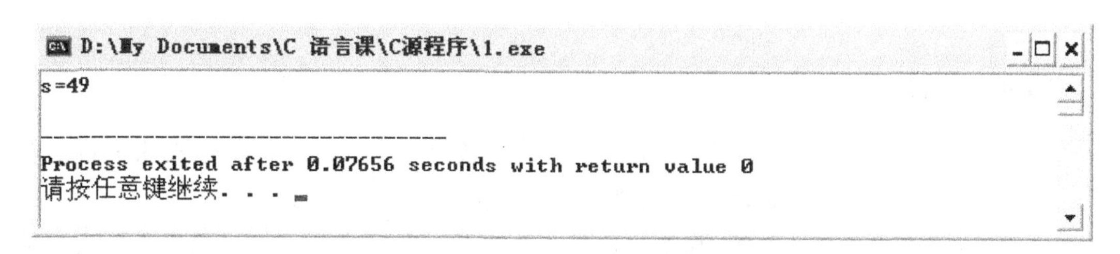

图 5-7　例 5-16 程序运行结果

【任务实施】

爱因斯坦的阶梯问题：有一个长阶梯，若每步上 2 阶，最后剩 1 阶；若每步上 3 阶，最后剩 2 阶；若每步上 5 阶，最后剩 4 阶；若每步上 6 阶，最后剩 5 阶；只有每步上 7 阶，最后刚好一阶也不剩。请问该阶梯至少有多少阶？编写一个 C 语言程序解决该问题。

分析：设阶梯数为 x，则依据题意有：

(1) x%2=1；

(2) x%3=2；

(3) x%5=4；

(4) x%6=5；

(5) x%7=0。

由条件(1)和(5)可知，阶梯数一定为奇数，并且为7的倍数。因此，我们可以依次对7，7＋14，7＋14＋14，…用条件(2)(3)(4)进行测试，满足条件的第一个数即为答案。

```
#include <stdio.h>
int main(void)
    {
      int i;
      for (i=7;;i+=14)
      if ((i%3==2)&&(i%5==4)&&(i%6==5))break;
      printf("%d\n",i);
      return 0;
    }
```

运行结果如图5-8所示。

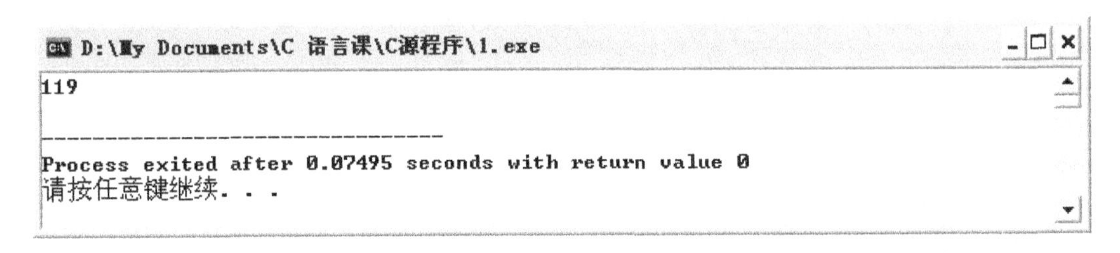

图5-8　阶梯问题程序运行结果

【动手试一试】

(1) 计算从n～100除去5的倍数的其他所有偶数之和。n从键盘输入，要求n的值在0～100以内，若n不在此区间，则输出错误信息。(用continue来实现)

(2) 输入一个大于2的整数，判断该数是否为素数。若是素数，输出“是素数”，否则输出“不是素数”。

素数的定义为：如果1个大于1的数只能被1或它本身整除，那么这个数就是素数。如2、3、5和7都是素数，4、6、8和9都不是素数。

思考与练习

一、选择题

1. 有如下程序：

```
main()
{  int n=9;
   while(n>5){ n--;printf("%d",n);}
```

该程序段的输出结果是(　　)。

A. 987　　B. 876　　C. 8765　　D. 9876

2. 若“i=5;”,下列 while 循环将执行(　　)次。

```
while(i==0)i--;
```

A. 0　　B. 1　　C. 5　　D. 无限

3. 以下代码分别输出(　　)。

```
int i=2;
do { printf("第 1 行输出%d\n",i);}
while(i<2);
while(i<2)
{ printf("第 2 行输出%d\n",i);
}
```

A. 仅输出“第 1 行输出 2”

B. 仅输出“第 2 行输出 2”

C. 输出“第 1 行输出 2,第 2 行输出 2”

D. 什么也不输出

4. 有关下列程序段的描述中正确的是(　　)。

```
int k=10;
while(k==0)k--;
```

A. while 循环执行 10 次　　B. 循环是死循环

C. 循环体语句一次也不执行　　D. 循环体语句执行一次

5. 以下程序段的结果是(　　)。

```
  x=-1;
 do
{
   x=x*x;
}
while(!x);
```

A. 循环执行 1 次　　B. 循环是死循环

C. 循环执行 2 次　　D. 有语法错误

二、填空题

1. 写出下列程序的运行结果________。

```
int main(void)
{ int  j=3;
for(i=0;i<=j;i=i+2)
{printf("%d\n",i);,j--;}
return 0;
}
```

2. 补充完整程序,以下程序求 5! 为多少。

```
int main()
{
    int a=1;
    ________;
    for(i=1;i<6;i++)
    ________ ;
    printf("5!=%d",a);
    return 0;
}
```

3. 执行以下程序后，输出＃号的个数是________。

```
int main(void )
{int i,j;
for ( i=1;i<5;i++)
for ( j=2;j<=i;j++)printf ("#");
return 0;
}
```

4. 下面程序的运行结果是________。

```
#include <stdio.h>
int main(void)
{int m ;
for(m=0;m<5;m++)
switch(m)
{   case 0:printf("#");break;
    case 1:printf("?");break;
    default: printf("%d", m);
}
return 0;
}
```

5. 下列程序的运行结果是________。

```
int main(void)
{
    int x=1, y;
    for(y=1;y<=50;y++)
    {   if(x>=10)break;
        if (x%2==1){ x=x+5;continue;}
        x=x-3;
    }
    printf("y=%d\n",y)
    return 0;
}
```

项目6　学生成绩统计——数组

学习目标

1. 知识目标

(1) 掌握一维数组类型的定义和元素的引用。

(2) 掌握二维数组类型的定义和元素的引用。

2. 能力目标

(1) 具备应用数组描述数据的能力。

(2) 具备对数组数据元素进行访问(输入与输出)和处理(统计、查找、排序等)的基本能力。

(3) 通过程序举例,掌握一些有关数组的编程技巧。

(4) 培养数据处理的逻辑思维能力。

【项目描述】

编写一个程序,能实现对一个班学生多科成绩的统计:求每个人的总分、平均分,对总分进行排序。

任务1　用一维数组实现学生成绩的统计

【任务导入】

在前面的项目中我们学习了C语言的基本数据类型和程序的三种结构,有了这些知识,我们可以解决一些简单的问题了。但在实际问题中往往需要面对成批的数据,如果仍采用基本数据类型来处理,就很不方便,甚至是不可能的。例如要对一个50人的班级的某门课考试成绩进行排名,如果利用前面学习的变量类型表示学生成绩,需要设置50个简单变量来表示学生成绩,而且各变量之间相互独立,这样的变量就很难处理了。但是,使用数组来存放50名学生的成绩,再利用循环结构就能很容易地处理这个问题。

【任务分析】

要实现学生成绩的统计,首先要考虑的一个问题是学生成绩的存储。该任务用一个整型数组来存储学生成绩，长度比学生人数多一点。数组元素的下标对应学生的学号。

【相关知识】

一维数组

什么是数组呢？可以打个比方，如果一个学生上学才上一门课，可能他就只需用手把书从家带到学校去，后来课的门数很多，要带的书也越来越多，这个时候就需要一个书包了。这里“书”就相当于程序中的“数据”。用“手”拿着书，就相当于程序中用“简单数据类型”保存数据。书多了，也就类似于要保存的数据多了，“手”也就是简单数据类型不能满足需要了，这个时候，书包也就是数组就出现了。

大家需要记住一点：数组就是用来保存相同类型数据的。如果要保存不同类型的数据，就要用到另外一个知识点——结构体，这里先不介绍，以后会详细讲解。

1. 一维数组的定义

在C语言中，使用数组同样遵循“先定义，后使用”的原则。

一维数组定义的一般形式为：

```
类型说明符 数组名[常量表达式];
```

说明如下。

(1) 在这个定义中，“数据类型”就是一种数据类型的关键字，如int、float、char等。

(2) “数组名”和之前所讲的变量名一样，只要遵循标识符的命名规范就行。

(3) “[ ]”(方括号)是C语言中数组下标运算符号。

(4) 方括号中的“常量表达式”表示数据元素的个数，也称为数组的长度。这相当于同时定义了一批变量，元素的下标从零开始。例如：“int data[5];”，定义了一个数组名是data的整型数组，有5个元素，分别是data[0]、data[1]、data[2]、data[3]、data[4]。

(5) 方括号中的“常量表达式”可以是一个常量或者常量表达式，其值必须固定，不能使用值不固定的变量或者变量表达式。

(6) 允许在同一个类型说明中，说明多个数组和多个变量，它们之间用逗号分开。例如：

```
float b[5];                          /*定义了一个数组名是b的浮点型数组,有5个元素*/
char ch[6];                          /*定义了一个数组名是ch的字符型数组,有6个元素*/
int a, stu_score[50] ,stu_num[50];   /*同时定义了一个整型变量a,两个有50个元素的整
                                       型数组stu_score和数组stu_num*/
```

2. 一维数组的初始化和赋值

在知道了如何定义一个数组以后，接下来的事情就是如何使用这个数组来保存数据了。这就好比你买了一个新书包，接下来的事情就是考虑如何把书装进书包中。在C语言中，往数组中存放数据有两种方式，分别是数组初始化和数组赋值。

1）一维数组的初始化

一维数组的初始化就是在定义数组时对所有的数组元素赋初值。一维数组的初始化比较灵活，有以下几种方式。

（1）对全部数组元素赋初值。例如：

```
int  data[4]={3,0,5,0};
```

则数组中的各个元素的初值为：data[0]＝3，data[1]＝0，data[2]＝5，data[3]＝0。

全部数组元素赋初值时，可以省略长度。

int　data[ ]＝{3,0,5,0}；和 int　data[4]＝{3,0,5,0}；是等价的。

（2）对部分数组元素赋初值。

对部分数组元素赋初值时，如果数据为零值，则可以省略，但是用以分隔数据的逗号不能省略。如果后面所有数据为零值，则可以省略，但长度不能省略。

int data[4]＝{3,0,5,}；和 int data[4]＝{3,0,5,0}；是等价的。

int data[5]＝{3,,5,}；和 int data[5]＝{3,0,5,0,0}；是等价的。

2）一维数组的赋值

用赋值语句结合循环结构来给一维数组赋值。例如：

```
int i,a[10];
    for (i=0;i<=9;i++)
        a[i]=2*i-1;
```

也可用输入语句结合循环结构来给一维数组赋值。例如：

```
int a[50],i,sum=0;
      for(i=0;i<=49;i++)
  scanf("%d",&a[i]);
```

3. 一维数组的引用

一维数组的引用就是从数组中拿出想要的数据。在C语言中，对于数值型数组，只能逐个引用数组元素，而不能一次引用整个数组。

数组元素的一般形式为：

　　数组名 [下标]

其中，下标只能为整型常量或整型表达式。如为小数，将自动取整。例如：

```
  int a[8]={ 1,2,3,4,5,6,7,8};
a[0]=a[5]+a[7]-a[2*3];
```

该程序段的结果是 a[0]＝6＋8－7＝7。

4. 一维数组的应用

一维数组的应用范围很广，这里讨论一个一维数组用于数的排序方面的应用。

【例 6-1】 对 6 个数按从小到大升序排列。

分析：对一组数据进行排序的方法很多，本例采用“冒泡法”排序。“冒泡法”的思路（以升序为例）如下。

首先比较序列中第一个数与第二个数，若为逆序，则交换两数，然后比较第二个数与第三个数，依次进行下去，直到最后两个数进行了比较和交换。这是第一趟排序过程，结果是最大的数被交换到最后一个。最后一个数不再参加排序。然后在剩余数组成的序列中进行第二趟排序，第二趟排序结束后，就可将次大数移到倒数第二的位置上，如此继续，直到排序结束。在整个排序过程中，较大的数逐渐从前向后移动，其过程类似于水中气泡上浮，故称"冒泡法"。

六个数(9,7,5,3,2,0)的实际排序过程如图 6-1 所示。

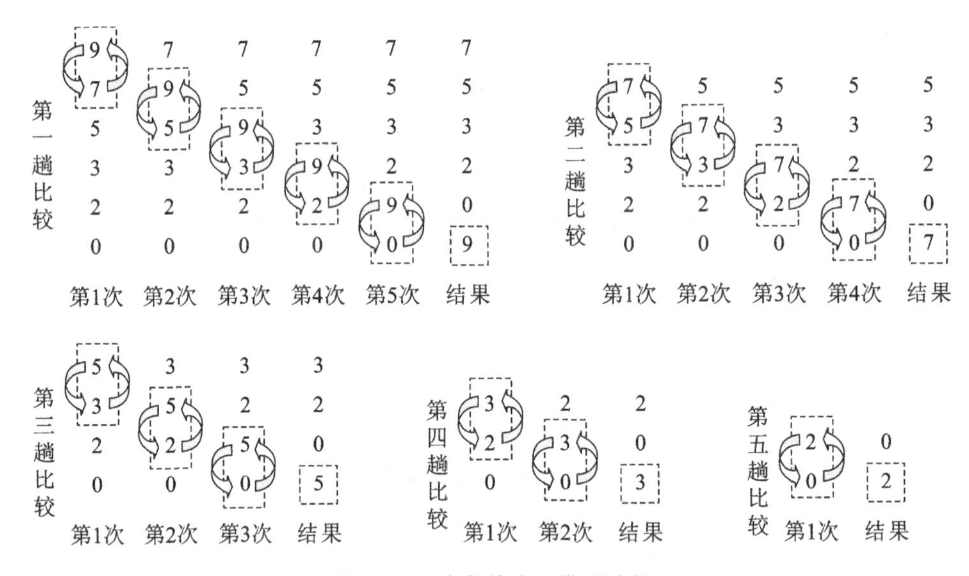

图 6-1　六个数的实际排序过程

从这六个数的排序过程可知：6 个数需要排 5 趟（每一趟一个最大值），每一趟的次数从 5 次递减为 1 次。可以推知：如果有 n 个数，则要进行 n－1 趟比较；在第 1 趟比较中，要进行 n－1 次两两比较，在第 j 趟比较中，要进行 n－j 次两两比较。

这 6 个数是随机的 6 个数，如果不定义数组来存储数据的话，就要定义 6 个变量，这个问题还不是麻烦的关键，后面的比较虽然是重复的事，但却无法用循环，就要写 5＋4＋3＋2＋1 次 if 语句，如果是几十个数，那么这种方法显然不合适。

但用定义数组来存储数据的话，这 6 个大小随机的数就变成下标有规律的数组元素。从上述分析可知，"冒泡法"排序的主要工作就是重复做下列的事：相邻两个数做大小比较，逆序然后交换，顺序不处理。这种情况用循环结构非常适合。

代码如下：

```
#include <stdio.h>
# define  N 6              /*定义一个符号常量 N*/
int main(void)
```

```
{
  int a[N];
  int i,j,t;
  printf("input numbers :\n");
  for (i=0;i<N;i++)
  scanf("%d",&a[i]);
  printf("\n");
for(j=0;j<N-1;j++)
    for(i=0;i<N-1-j;i++)
        if (a[i]>a[i+1])
        {
         t=a[i];a[i]=a[i+1];
         a[i+1]=t;
        }
    printf("the sorted numbers :\n");
    for(i=0;i<N;i++)
        printf("%d",a[i]);
    printf("\n");
  return 0;
}
```

运行结果如图 6-2 所示。

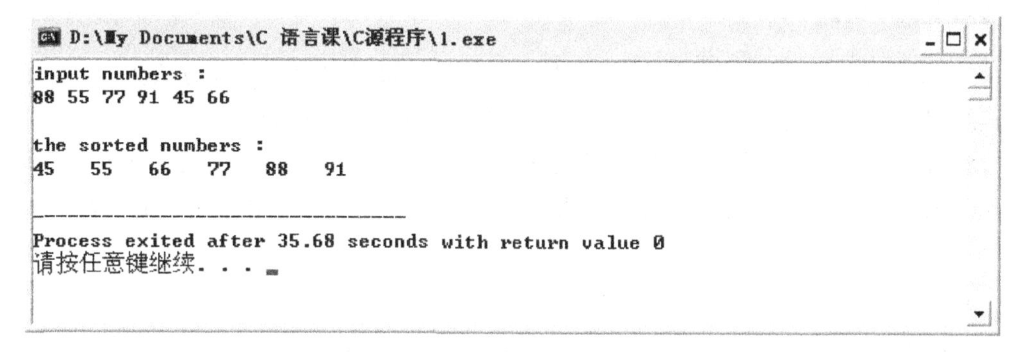

图 6-2 例 6-1 程序运行结果

【任务实施】

【例 6-2】 计算一个班 50 个学生的某门课的成绩总和、平均分、最高分，并显示最高分的学号。

```
#include <stdio.h>
int main(void)
{
   int a[50],b[50], i, sum=0,ave ,t,max, max _num;
```

```
printf ("请输入学生成绩\n");
for(i=0;i<=49;i++)
scanf("% d",&a[i]);                    //输入 50 个同学成绩
for(i=0;i<=49;i++)                     //保存原始成绩单,并计算总分
{
 b[i]=a[i];
 sum+=a[i];
 }
 ave=sum/50;                           //计算平均分
 for(i=0;i<49;i++)                     //冒泡法求最大值
 if (a[i]>a[i+1])
 {
     t=a[i];a[i]=a[i+1];a[i+1]=t;
 }
 max=a[49];
 for (i=0;i<=49;i++)                   //根据最大值查找学号
 if (b[i]==max)num=i;
 printf ("sum=%d ave=%d max=%d max_num=%d",sum, ave, max, max_num);
 return 0;
}
```

【动手试一试】

(1) 输入 n 个评委的评分,计算并输出参赛选手的最后得分。计算方法为去除一个最高分和去除一个最低分,其余的进行平均,得出参赛选手的最后得分。

(2) 删除数组 a 中的某个数据,然后把此位开始的元素依次前移(把后面元素下标依次减 1)。要求从键盘输入数组 a 的元素个数、各元素及要删除的数据在数组中的位置。

任务 2 用二维数组实现学生多科成绩统计

【任务导入】

如果我们现在要处理 50 个学生的多门课的成绩,该怎么办?我们可以用一个二维数组来解决。

【任务分析】

二维数组中行可以和一维数组一样,表示学号,学生人数与学号对应,而列可以表达多门学科,列数和科目对应,正好完成本任务。

【相关知识】

一、二维数组

如果我们现在要处理50个学生的多门课的成绩,该怎么办?当然可以使用多个一维数组解决,比如,定义多个一维数组 score1[50]、score2[50]、score3[50]。有没有更好的方法呢?答案是肯定的,使用二维数组。下面以4个学生5门课成绩表为例说明二维数组的概念。

学号	语文	数学	英语	物理	化学
0	88	90	85	81	78
1	85	96	80	85	88
2	70	85	86	89	90
3	75	95	80	90	85

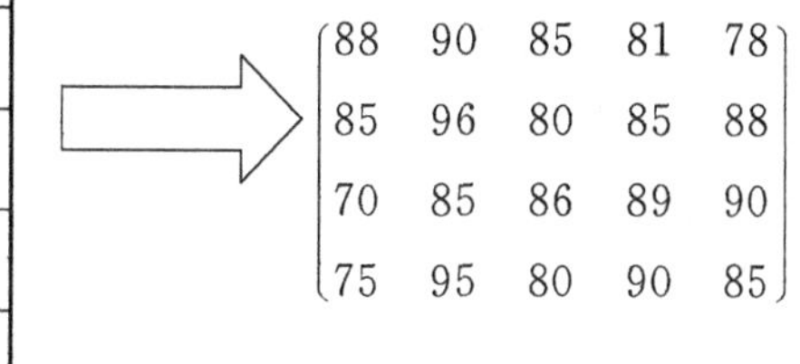

上述成绩表可简化成右边的数字的排列,看此排列和数学中的矩阵非常相似,我们知道,矩阵中的元素由两个坐标(行与列)决定。一维数组相当于这个矩阵的一行,那这个行数就需要另一个维数来表达,就出现了二维数组。

1. 二维数组的定义

二维数组的一般形式如下:

类型说明符　数组名 [行数] [列数];

例如,语句:

```
int mtrix[4][3];
```

就定义了四行三列的二维数组(矩阵)。

二维数组表示和一维数组表示唯一不同的就是,其表达式中有两个"[ ]",这正是二维数组的特点。第一个中括号中的行数表示的是二维数组中最多可以保存多少个一维数组元素,第二个中括号中的列数表示二维数组中保存的每个一维数组最多可以保存多少个基本数据类型的数据。

同样,数据元素的下标从零开始。

在C语言中,二维数组中元素排列的顺序是按行存放的,即在内存中先顺序存放第一行的元素,再存放第二行的元素。图6-3表示对 mtrix [4][3]数组存放的顺序。

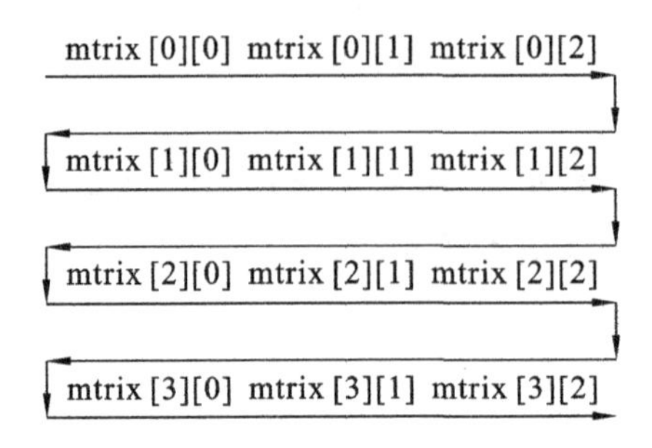

图 6-3　二维数组中元素排列的顺序

2. 二维数组的初始化和赋值

可以在定义二维数组的同时对其初始化。

下面的语句在定义二维数组(矩阵)mtrix [][]的同时对其初始化。

(1) 分行给二维数组赋初值。

```
int mtrix [4][3]={{75,88,72},{68,91,92},{87,96,98},{78,82,90}};
```

(2) 可以将所有数据写在一个花括号内,按数组排列的顺序对各元素赋初值。

```
int mtrix [4][3]={75,88,72,68,91,92,87,96,98,78,82,90};
```

矩阵中的元素由其所在的行与列唯一确定,mtrix [i][j]表示矩阵中第 i 行,第 j 列的元素,于是:

```
mtrix [0][0]=75, mtrix [0][1]=88, mtrix [0][2]=72,
mtrix [1][0]=68, mtrix [1][1]=91, mtrix [1][2]=92,
mtrix [2][0]=87, mtrix [2][1]=96, mtrix [2][2]=98,
mtrix [3][0]=78, mtrix [3][1]=82, mtrix [3][2]=90
```

(3) 可以对部分元素赋初值。例如:

```
int mtrix [4][3]={{1},{5},{9}};
```

相当于图 6-4(a)。

也可以对各行中的某一元素赋初值,如:

```
int mtrix [4][3]={{1},{0,6},{0,0,0,11}};
```

相当于图 6-4(b)。

也可以只对某几行元素赋初值,如:

```
int mtrix [4][3]={{1},{5,6}};
```

相当于图 6-4(c)。

```
1 0 0 0        1 0 0 0         1 0 0 0
5 0 0 0        0 6 0 0         5 6 0 0
9 0 0 0        0 0 0 11        0 0 0 0
0 0 0 0        0 0 0 0         0 0 0 0
  (a)            (b)             (c)
```

图 6-4　部分元素赋初值的实际二维数组组成

(4) 在定义二维数组并进行初始化时,允许省略其行数。但要注意,二维数组的列数在定义时不可省略。例如:

```
int a[][3]={{75,88,72},{68,91,92},{87,96,98},{78,82,90}};
```

等价于

```
int a[4][3]={{75,88,72},{68,91,92},{87,96,98},{78,82,90}};
```

又如:

```
float b[][3]={{1.21},{2.0,-5.5},{4.32,-5.8,-9.60}};
```

等价于

```
float b[3][3]={{1.21,0.0,0.0},{2.0,-5.5,0.0}, {4.32,-5.8,-9.60}};
```

再如:

```
int a[][3]={75,88,72,68,91,92,87,96,98,78,82,90};
```

等价于

```
int a[4][3]={{75,88,72},{68,91,92},{87,96,98},{78,82,90}};
```

3. 二维数组元素的引用及应用举例

在程序中,通过数组名和下标引用数组元素。其格式为:

数组名[行下标][列下标]

二维数组元素的行、列下标从0开始。

【例 6-3】 从键盘输入整型的二行三列的矩阵,将其转置后输出。

分析:矩阵转置就是将矩阵的行与列互换,即将第0行变成第0列,第1行变成第1列……也就是使第i行、第j列的元素变成第j行、第i列的元素。

```
#include <stdio.h>
int main(void)
  {
     int a[2][3],b[3][2],i,j;   /*定义两个二维数组分别存放初始矩阵和转置后的矩阵*/
       printf ("请输入二行三列的矩阵元素 \n");
       for(i=0;i<2;i++)          /*通过二重循环,输入矩阵元素的值,赋给二维数组 a 中相
                                  应元素。先固定行,对列元素循环,然后修改行,准备开
                                  始下一轮外循环。这是二维数组输入、输出中常用的方
                                  法*/
       for(j=0;j<3;j++)
       scanf("%d",&a[i][j]);
       printf ("您输入的矩阵如下,请核对!\n");
       for(i=0;i<2;i++)
       {
         for(j=0;j<3;j++)
             printf("%d",a[i][j]);   /*通过二重循环,输出矩阵*/
```

```
        printf("\n");
      }
    for(j=0;j<3;j++)         /*通过二重循环,完成矩阵转置*/
    for(i=0;i<2;i++)
    b[j][i]=a[i][j];
    printf ("转置后的矩阵如下:\n");
    for(j=0;j<3;j++)         /*通过二重循环,输出矩阵*/
    {
      for(i=0;i<2;i++)
        printf ("%d", b[j][i]);
        printf ("\n");
        }
    return 0;
  }
```

运行结果如图 6-5 所示。

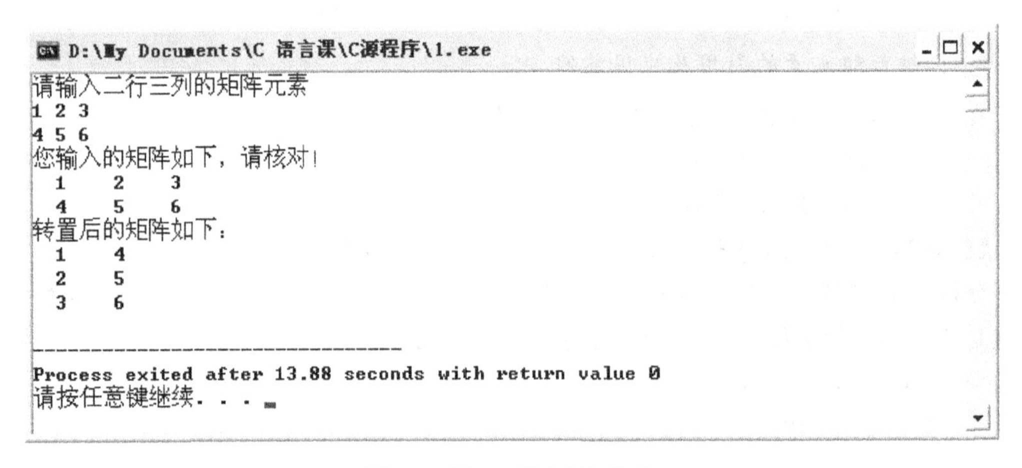

图 6-5　例 6-3 程序运行结果

【任务实施】

【例 6-4】 设有一个 4 行 3 列的整型矩阵,从键盘输入矩阵元素的值,计算并输出每行元素的平均值。

```
#include <stdio.h>
int main(void )
{
int a[4][3], i,j;
float ave,b[4];          /*由于若干个整数的平均值可能是小数,故将存放平均值的变量 ave
                           和数组 b[ ] 定义成浮点型*/
for(i=0;i<4;i++)
  for(j=0;j<3;j++)
  scanf("%d",&a[i][j]);
```

```
for(i=0;i<4;i++)        /*通过二重循环,计算矩阵中第 i 行(i=0,1,2,3)的平均值*/
{
  ave=0.0;              /*将变量 ave 置 0 ,为后面连加做准备*/
  for(j=0;j<3;j++)
  ave+=a[i][j];         /*计算各元素累加和*/
  b[i]=ave/3;           /*计算出矩阵中第 i 行平均值并将其存放在一维数组中*/
}
for(i=0;i<4;i++)         /*通过循环,输出矩阵每行的平均值*/
printf("第%d行的平均值是 b[%d]=%f\n",i,i,b[ i ]);
return 0;
}
```

运行结果如图 6-6 所示。

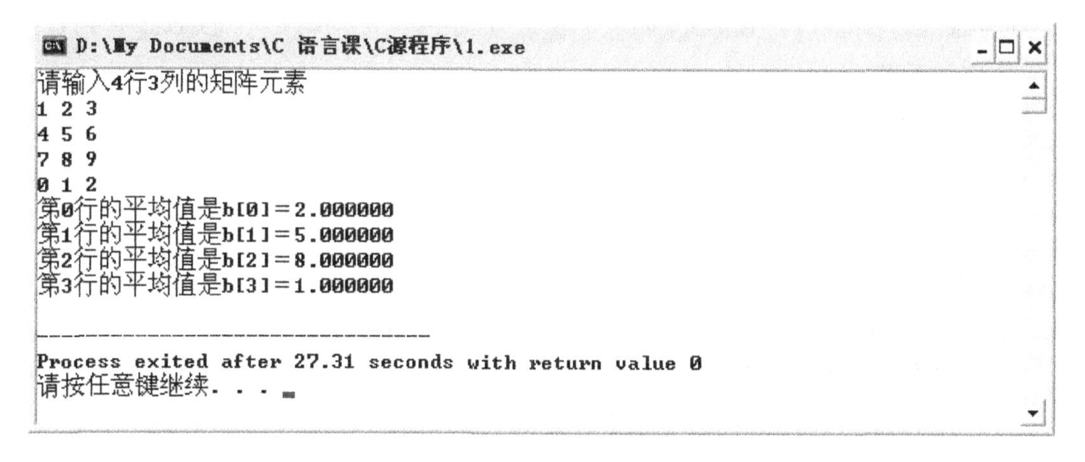
```
D:\My Documents\C 语言课\C源程序\1.exe
请输入4行3列的矩阵元素
1 2 3
4 5 6
7 8 9
0 1 2
第0行的平均值是b[0]=2.000000
第1行的平均值是b[1]=5.000000
第2行的平均值是b[2]=8.000000
第3行的平均值是b[3]=1.000000

--------------------------------
Process exited after 27.31 seconds with return value 0
请按任意键继续. . .
```

图 6-6 例 6-4 程序运行结果

【动手试一试】

(1) 有 n 个评委评分,m 个选手参赛,计算并输出参赛选手的最后得分。计算方法为去除一个最高分和一个最低分,其余的进行平均,得出参赛选手的最后得分。按从大到小的顺序输出参赛选手的最后得分。

(2) 打印出以下的杨辉三角形(要求打印出 10 行)。

```
1
1  1
1  2  1
1  3  3  1
1  4  6  4  1
1  5  10 10 5  1
……
```

思考与练习

一、选择题

1. 有以下数组定义“int a[10]={1,2,3,4,5,6,7,8 };”，请问 a[9]里的值是(　　)。

A. 9　　B. 0　　C. 10　　D. 不确定

2. 以下程序段给数组所有的元素输入数据，输入正确答案的是(　　)。

```
#include <stdio.h>
main()
{ int a[10],i=0;
  while(i<10)scanf("%d",(        ));
  …  }
```

A. &a　　B. &a[i+1]　　C. a+i　　D. &a[++i]

3. 有如下程序：

```
main()
{  int  n[5]={0,0,0},i,k=2;
   for(i=0;i<k;i++)n[i]=n[i]+ 1;
   printf("%d\n",n[k]);}
```

该程序的输出结果是(　　)。

A. 不确定的值　　B. 2　　C. 1　　D. 0

4. 对以下说明语句的正确理解是(　　)。

```
int  a[10]={ 6,7,8,9,10};
```

A. 将 5 个初值依次赋给 a[1]至 a[5]

B. 将 5 个初值依次赋给 a[0]至 a[4]

C. 将 5 个初值依次赋给 a[6]至 a[10]

D. 因为数组长度与初值的个数不相同，所以此语句不正确

5. 设有如下定义：“int p[5]={3,4,5,6};”，则下列表达式正确的是(　　)。

A. p[1]=3　　B. p[4]=6　　C. p[2]=4　　D. p[4]=0

6. 以下能对二维数组 a 进行正确初始化的语句是(　　)。

A. int　a[2][ ]={{1,0,1},{5,2,3}};

B. int　a[ ][3]={{1,2,3},{4,5,6}};

C. int　a[2][4]={{1,2,3},{4,5},{6}};

D. int　a[ ][3]={{1,0,1}{},{1,1}};

7. 定义数组“int a[3][4];”，下列元素不属于该数组的是(　　)。

A. a[0][0]　　B. a[3][4]　　C. a[2][3]　　D. a[0][3]

8. 有定义如下：

```
int  i,x[][3]={1,2,3,4,5,6,7,8,9};
```

则下面语句的输出结果是(　　)。

```
for(i=0;i<3;i++)printf("%d",x[i][2-i]);
```

A. 159　　B. 147　　C. 357　　D. 369

二、填空题

1. 若有以下定义：

```
double  w[10];
```

则 w 数组元素下标的上限为________，下限为________。

2. 二维数组 A 的初始化为“A[4][5]={{2,2,4},{4,6,5,6},{0}};”，则 A[1][2]的值是________。

3. 有以下程序：

```
int main(void)
{
   int m[][3]={1,4,7,2,5,8,3,6,9};
   int i,j,k=2;
   for(i=0;i<3;i++)
     {
   printf("%d ",m[k][i]);k--;
   }
}
```

其运行结果是________。

4. 写出下列程序的运行结果：________。

```
int main(void)
{
  int a[4][4]={{1,3,5},{2,4,6},{3,5,7}};
  printf("%d%d%d%d",a[0][3],a[1][2], a[2][1], a[3][0]);
}
```

5. 写出下列程序的运行结果：________。

```
int main(void)
{
  int a[4][4]={{1,2,3,4},{5,6,7,8},{3,9,10,2},{4,2,9,6}};
  int i,s=0;
  for (i=0;i<4;i++)s+=a[i][1];
  printf("%d\n", s);
}
```

项目7 顺序出现的字母——函数

学习目标

1. 知识目标

(1) 了解C语言程序语句的组织结构。

(2) 掌握C语言中函数的定义及调用方法。

(3) 掌握C语言中函数的使用方法。

2. 能力目标

(1) 能够根据程序需要进行函数的定义和调用。

(2) 能够合理使用参数的设计。

(3) 明确函数调用时的数据传递。

(4) 掌握在C语言项目中使用函数来优化程序结构。

【项目描述】

编写一个程序,在屏幕上以一定的时间间隔顺序显示26个大写字母。

任务1 时间间隔不变,顺序显示字母

【任务导入】

多个字母的同时输出是比较简单的,但如果这些字母之间按照一定时间间隔出现,就需要在两个字母之间插入一段延时程序,有n个字母就要插入n－1段延时程序,显然写这样重复的代码,会比较烦琐。会不会有更方便的方法呢?

如果一个程序规模比较大,那么语句则比较多,如果将所有语句都写在同一个main()模块中,那程序的编写、阅读、调试、修改将会非常困难。

另外,如果程序都在一个main()块中,对于不同的项目,代码的可重用性也将很低,重复低效的工作将会造成较大的浪费。

同样,如果程序语句都在一个文件中,一个开发团队间的协作将变得无比困难。

以上问题,不一而足,解决这些问题都要求我们在软件项目中,采用模块化方法来组织

程序代码。在C语言中，我们一般将一个大的任务分解成若干个便于管理的模块，每个模块都能独立地进行调试，当每个模块都能正确工作时，再将它们组织在一起，从而完成整个系统的任务。这种模块化在C语言中就是用函数来实现的。

【任务分析】

前面我们已经使用了C语言提供的部分库函数，如printf()、scanf()等，它们由标准C语言系统提供，我们可以直接使用。

而这个任务中函数的功能是延时，目前库函数中没有，只有自己定义。本任务就是要学习自己定义一个函数，并会调用。

【相关知识】

一、函数的有关概念

在讲函数的含义之前，先来看一个实际生活中的例子，通过这个例子可以更容易地理解函数在C语言程序中的意义和作用。

以市场上的台式计算机为例，一台台式计算机往往由多个部件(由显示器、主板、CPU、内存、硬盘、电源组成，次要的部件有显卡、声卡、网卡、机箱等，外设包括键盘、鼠标、音响、打印机、光驱)组装而成。设想一下，如果计算机厂商不是用组装方式生产，而是整体生产，可以想象，无论是厂商还是用户都会面临一个共同的问题:任何一个元件出问题都会导致整台计算机的维修，维修成本会很高。采用多部件的组装后，出了问题只需要将有故障的部件换掉，这样速度快了，成本也低了。

其实，程序员面临的问题和计算机厂商是一样的。当我们掌握了C语言的各个原材料——常量、变量、语句、顺序结构、分支结构和循环结构等之后，接下来的事情就是把这些原材料加工成程序，以达到操作计算机的目的。

程序员的方法同样也有两种:一体化和分块化。如果按照一体化的方式，可以直接使用C语言原材料(常量、变量、语句等)来一个一个堆积成我们需要的程序。如果按照分块化的方式，就是先使用C语言原材料，将其加工成类似于计算机中的组件模块，然后将这些组装成需要的程序。

在写程序的时候，这两种方式都是可行的，但是对于不同规模的程序，两种方式的好坏程度是不一样的。对于完成简单功能的小型程序，使用一体化的方式会更好，因为小型程序本来只使用简单的几行语句就可以完成，如果硬要将它划分成一个一个的小块，就有点画蛇添足了。对于完成复杂功能的大型程序，使用分块化的方式会更好，因为对于有成千上万行甚至百万行语句的程序，如果将这些语句都写到一块，即使机器不崩溃，编写者都会崩溃。

就像把计算机做成一个一个的部件一样，可以把大型的程序分成一个一个的小块，在C语言中，这样的小块被称为函数。函数在大型程序中起着两个很重要的作用。

（1）将复杂的问题进行分解。往往程序越大，完成的功能就会越复杂，要解决的问题也就越复杂。对于复杂的问题，可以将其分解，类似地，对于大型的程序，也可以将其分解为一个个简单的函数。

（2）分解的小块可以重复使用。这就像我们把玉石打磨成一个个小玉珠子，今天可以把玉珠子串成玉手链，明天可以把玉珠子串成玉项链，后天还可以把玉珠子镶嵌到发卡上，诸如此类，有很多用法。试想，如果把玉石只雕琢成手镯，能有这么多的用途吗？

二、函数的分类

1. 库函数和用户自定义的函数（从使用的角度分类）

库函数也叫标准函数，它是由系统提供的，是用户可直接调用的函数。例如，printf( )、scanf( )、sqrt( )、pow( )、strcmp( )都是C语言的标准函数。

用户自定义的函数就是用户根据需要，自行设计的函数。

2. 无参函数和有参函数（从函数的形式分类）

函数的参数就是被调用的函数运行时，由主调函数提供的数据。如果被调用的函数运行时，不需要由主调函数提供数据，则称之为无参函数，否则就称为有参函数。

三、函数的定义

调用函数必须遵循“定义在先、使用在后”的原则。

函数定义的格式如下：

```
返回值类型说明符　函数名(类型说明符　形参变量1,类型说明符　形参变量2,…)
{
    函数体语句
}
```

说明如下。

（1）第一行称为函数的首部。函数名后面的圆括号中的部分称为形参表，无参函数则没有形参，但圆括号不能省略。花括号中的部分称为函数体。

注意

参数列表后面不能加分号，否则就成了函数声明，稍后会讲。

（2）返回值类型说明符用来说明该函数返回值的类型，如int、float、char。如果在函数定义时没有注明返回类型，则默认为int类型。如果函数没有输出值或不希望有输出值，则其类型说明符应为“void”。

（3）函数名：在C语言中，函数的名称可以是任何合法的名字，但要避免与其他函数或系统保留字重名。通常，一个好的习惯是函数的名字与它的作用相关联，如delay，Max，

Min,Upper 等,由于系统提供的函数较多,为了避免重名,可以将首字母大写,也可以用两个以上的单词给函数命名,每个单词的首字母大写,如 FindNext,FindLast,FindMax 等。

(4) 函数体:函数体是一段用于实现特定功能的代码块。

函数体可以没有任何语句,只由一对花括号组成,此时称为空函数,表示占一个位置,以后可将功能添加其中。在做软件规划时,这是一个经常使用的方法,在开发初期,为了在功能模块分割的同时维护程序的总体性,常常是先使用一个个的空函数将程序的框架搭起来,再逐步添加功能使程序一步步完美起来。

注意

函数的定义或声明必须放在 main( )主函数外面进行,常见的做法是将各种函数集中放在其他文件中,不同函数的地位在语法上是相互平等的,不存在隶属关系,只有相互调用的关系。

四、函数调用

定义一个函数是为了调用该函数。

如图 7-1 所示,在每个程序中,有且只有一个主函数 main,当程序执行时,它首先从 main()中的第一条有效语句开始,当 main 中最后一条语句执行完毕时,程序也就宣告结束,系统的控制权交回到操作系统。main 函数只调用其他函数,不能为其他函数调用。如果不考虑函数的功能和逻辑,其他函数没有主从关系,可以相互调用。所有函数都可以调用库函数。程序的总体功能通过函数的调用来实现。

1. 函数调用的一般形式

程序中通过函数名调用函数,格式为:

```
函数名(实际参数列表)
```

调用无参函数时,圆括号不能省略。“实际参数列表”中的参数简称为“实参”,它们可以是常量、变量或表达式。如果实参不止一个,则相邻实参之间用逗号相隔,并且实参的类型、顺序应保持一致,这样才能正确地传递。

2. 函数调用的方式

按函数在程序中出现的位置来分,有三种函数调用的方式。

(1) 函数语句。这种方式把函数调用作为一条单独的语句。其一般形式为:

```
函数名 (实际参数列表);
```

该方式常用于调用一个没有返回值的函数,函数的功能只是完成某些操作,如任务中的延时函数。

(2) 函数表达式。这种方式把函数作为表达式中的一项,出现在主调函数的表达式中,以函数的返回值参与表达式运算。这种方式要求函数具有返回值。

(3) 函数实参。

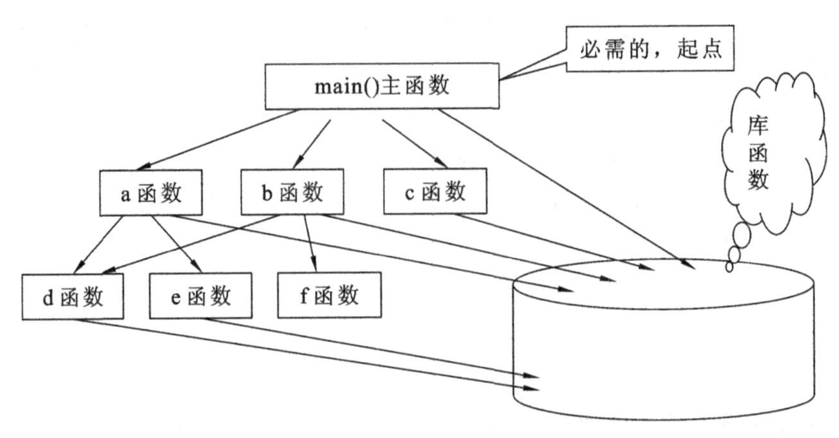

图 7-1　C 语言程序用函数表示的结构

【任务实施】

一、程序设计思路

本任务要求按一定的顺序和时间间隔显示字母'A'、'B'、'C'、'D'，字母的出现要有一种动态的时序效果。此处我们不考虑使用循环结构，可以按图 7-2 所示的流程图来进行处理。这里的延时我们采用函数的方法来实现。

开始
输出A
延时
输出B
延时
输出C
延时
输出D
结束

图 7-2　流程图

二、程序实现

```
#include <stdio.h>
void  delay( )                    /*定义延时函数，函数名为
                                    "delay"，函数为无参函数*/
{
    int i;
    for(i=1;i<300000000;i++);
}
int main(void)
  {
    printf("  A  ");              /*字母前后各有一个空格*/
    delay();
    printf("  B  ");
    delay();
    printf("  C  ");
    delay();
    printf("  D  ");
    return 0;
 }
```

结果如图 7-3 所示，其中字母‘A’、‘B’、‘C’、‘D’按一定的时间间隔先后出现。

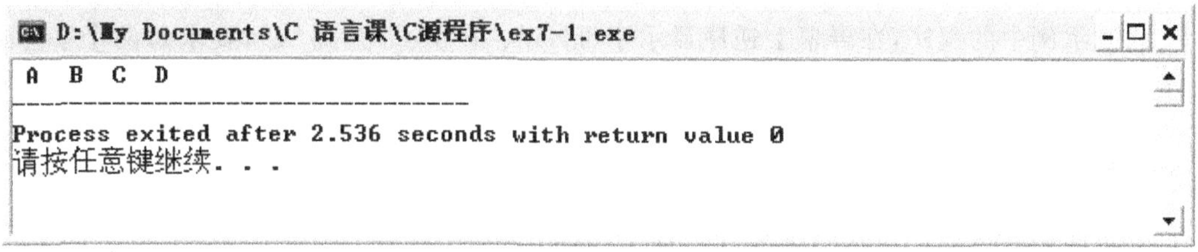

```
D:\My Documents\C 语言课\C源程序\ex7-1.exe
 A  B  C  D
--------------------------------
Process exited after 2.536 seconds with return value 0
请按任意键继续. . .
```

图 7-3　按一定时间间隔先后出现的运行效果

说明：

代码

```
void  delay()
{
      int i;
      for(i=1;i<300000000;i++);
}
```

是一个函数段，它的功能是让 CPU 执行多次的空白循环，达到延迟时间的目的。但它不会主动运行，只有在 main()中直接或间接地调用它才能够执行。main 中执行到 delay();CPU 将运行 delay()对应的函数代码，函数体运行结束，将返回 main()调用程序的下一行继续运行，直到程序结束。

函数名前的关键词 void 表示函数不返回任何数据类型，实际上就是没有返回值。

【拓展延伸】

函数的定义和声明的差别

前述所举例中定义的函数都在 main()函数之前，这样，编译器在调用该函数时已经知道了该函数的存在，明确了其接口。但有时，函数的定义和函数调用并不在一个源程序文件中，或即使在同一个源程序文件中，如果一个源程序包含了多个函数，而函数间又有相互调用，那将会使“定义在前、使用在后”的原则难以实现。为此，C 语言通过函数声明语句解决了这些问题。

函数的声明是告诉计算机函数长什么样，函数的定义告诉计算机函数是怎样实现我们需要的功能的。

专门用来声明函数的形式如下：

```
返回值类型说明符 函数名(参数列表);
```

函数声明是一条语句，要以分号结束。相比定义要简单，只要截取函数定义的函数头，并在其后添加分号即可。而且，形参名可以省略，只需说明参数的类型即可。

在程序的开始，有了函数声明，函数的定义就可以放在 main()函数之后。

【动手试一试】

修改示例中的程序,在屏幕上逆序显示字母'A'、'B','C'直到'Z',要求每两个字母的显示时间间隔为1秒左右。

提示

可在循环体中调用延时函数,核心代码如下:

```
for(ch='A;ch<='Z;ch++)
{
printf("%c",ch);
delay();
}
```

任务2 时间间隔可变,顺序显示字母

【任务描述】

编写程序:在屏幕上以可调整的速度顺序显示'A'、'B'、'C'3个大写字母。

【任务导入】

在任务1的程序中,延时的时间在函数体中被固定,主调函数无法改变延时的时间值,灵活性不够。如果延时的时间可以由主调函数传给被调用的函数,将大大提高函数的利用效率,这种情况我们称为带参数的函数调用。

类似地,我们经常用到的数学函数,如sin(x)、sqrt(x)等,括号中的x就是作为参数传给函数的,而函数的结果是作为返回值交给主调函数的,此类情况都可以看作带参数的函数应用。

【任务分析】

在本任务中,我们假定以毫秒的n倍这样的方式调整延时时间,如delay(10)表示延时10毫秒,delay(100)表示延时100毫秒,delay(x)表示延时x毫秒,这里的10,100,x都是提供给函数delay()的实际参数。

【相关知识】

有参函数的定义

有参函数的定义格式如下:

```
返回值类型说明符  函数名(类型说明符  形参变量1,类型说明符  形参变量2,…)
  {
      函数体语句
  }
```

说明：

(1) 第一行称为函数的首部。函数名后面的圆括号中的部分称为形参表。花括号中的部分称为函数体。

注意

参数列表后面不能加分号，否则就成了函数声明，稍后会讲。

(2) 返回值类型说明符用来说明该函数返回值的类型，如 int、float、char。如果在函数定义时没有注明返回类型，则默认为 int 类型。如果函数没有输出值或不希望有输出值，则其类型说明符应为“void”。如：

```
double  cube(double  x)
{
函数体;
}
```

表示定义了一个名为 cube 的函数，调用它时需给它传递一个类型为 double 的参数，同时函数执行完成后还会给主调函数返回一个 double 类型的数值。

【任务实施】

考虑到 1 毫秒延时是一个基本单位，现任务中要调用的延时时间可能是 1 毫秒的若干倍，故在延时函数中采用循环的嵌套来解决延时时间是 1 毫秒任意倍数的问题。

代码如下：

```
#include <stdio.h>
#include <stdlib.h>
void delay (int  n)                     //定义函数 delay(),参数 n 用来改变延时时间
{
     int i,j;
     for(j=0;j<n;j++)                   //外循环,控制内循环执行的次数
     for(i=1;i<100000000;i++);          //内循环,CPU 空转进行延时
}
int main(void)
{
    printf("  A  ");
    delay(10);                          //调用函数 delay ,传递参数 10
    printf("  B  ");
```

```
        delay(20);                              //调用函数 delay,传递参数 20
        printf("  C  ");
        delay(30);                              //调用函数 delay,传递参数 30
        printf("  D  ");
        return 0;
    }
```

运行结果如图 7-4 所示，其中字母‘A’、‘B’、‘C’、‘D’出现的时间间隔越来越大。

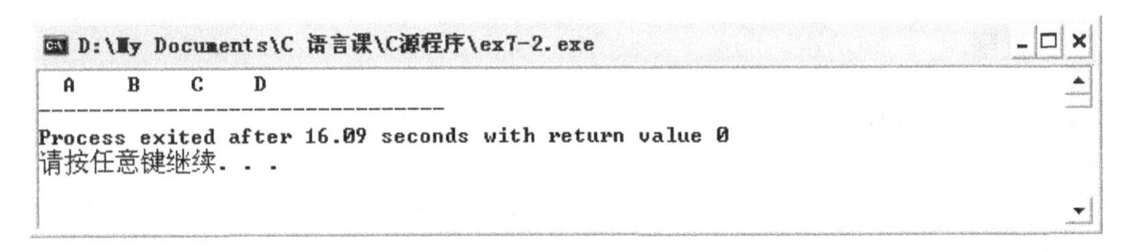
D:\My Documents\C 语言课\C源程序\ex7-2.exe

```
 A    B    C    D
--------------------------------
Process exited after 16.09 seconds with return value 0
请按任意键继续. . .
```

图 7-4　时间间隔越来越大的运行结果

说明：

下列代码：

```
void delay (int  n)                         //定义函数 delay(),参数 n 用来改变延时时间
{
    int i,j;
    for(j=0;j< n;j++)                       //外循环,控制内循环执行的次数
    for(i=1;i< 100000000;i++);              //内循环,CPU 空转进行延时
}
```

是一个带参数的函数，这里的 n 是一个形式参数（简称形参），在函数被调用前，它并没有被分配内存空间，它的值只有在主调函数给出后才能确定，main( )中 delay(10)，其中 10 是一个已经确定值的参数，所以也称为实参。当函数在定义时具有形参，函数在调用时必须提供对应的实参值。

任务 3　能判断数的符号的函数——return 语句

【任务描述】

编写一个函数，实现如下数学表达式的功能：能判断整数符号。如果一个整数小于 0，函数返回 −1；如果该整数大于 0，返回 1；如果该整数等于 0，返回 0。在主函数 main 中输入任意一个整数来调用此函数。

如下：

$$y=\begin{cases}-1 & x<0\\0 & x=0\\1 & x>0\end{cases}$$

【任务分析】

在本任务中，主调函数传递给函数一个整型参数，而函数在执行完后必须将处理结果送回主调函数，此时要用到语句 return。

【相关知识】

函数的返回值

函数的返回值是指函数被调用之后，执行函数体中的程序段所取得的并返回给主调函数的值。

函数的值只能通过 return 语句返回主调函数。

return 语句用来退出函数回到主程序，程序从主调函数调用处往下继续运行，return 语句可以不带任何数据，如“return;”。

这个形式的 return 用在声明为 void 类型的函数，它退出函数并且不返回任何数值。

return 语句的一般形式是：

```
return 表达式;          或          return  (表达式);
```

该语句的功能是计算表达式的值，并返回给主调函数。在函数中允许有多个 return 语句，但当遇到第一个 return 语句时程序停止，返回一个函数值，后面 return 语句不再被执行。

函数值的数据类型必须与函数声明时的类型一致。如果两者不一致，则以函数类型为准，自动进行类型转换。

【任务实施】

本任务的代码如下：

```
#include <stdio.h>
int  Sign(int x)              //定义一个函数,它用来判断一个整数的符号
  {
    if (x>0)return 1;
    else if(x<0)return-1;
    else      return 0;
  }
int main(void)
```

```
{
    int n,s;
    printf("请输入一个整数值:");
    scanf("%d",&n);
    s=Sign(n);
    printf("输出结果为%d\n",s);
    return 0;
}
```

执行三次程序，分别输入一个负整数、0和正整数来测试程序的运行，将得到与图7-5至图7-7所示类似的结果。

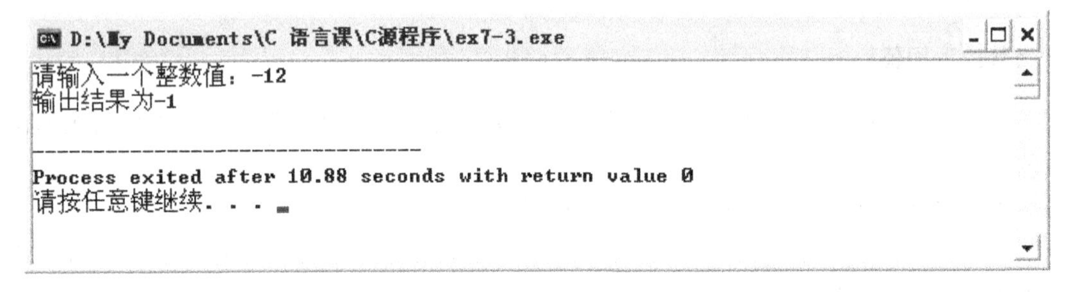

图 7-5　输入负整数

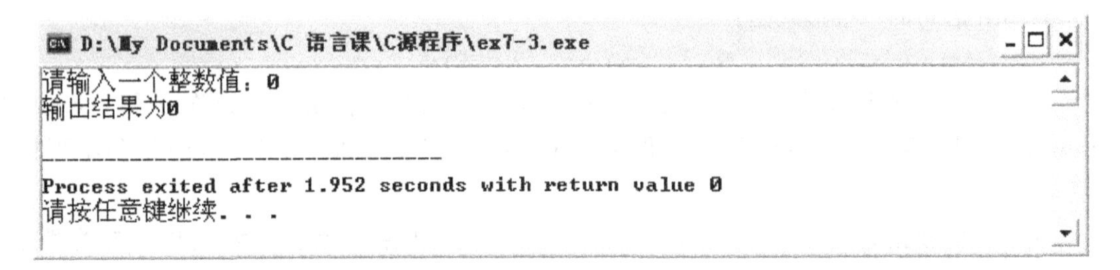

图 7-6　输入 0

```
D:\My Documents\C 语言课\C源程序\ex7-3.exe
请输入一个整数值：35
输出结果为1
--------------------------------
Process exited after 21.15 seconds with return value 0
请按任意键继续. . .
```

图 7-7　输入正整数

【拓展延伸】

main()函数的声明形式

C 语言中的 main()函数的声明可以有好几种形式，分别满足不同的 C 语言标准要求，最常使用的主要有以下 4 种。

- 无返回值、无参数：

```
void main(    )
```

- 无返回值、有参数：

```
void main(int argc, char *argv[])
```

- 有返回值、无参数：

```
int main(void )
```

- 有返回值、有参数：

```
int main(int argc, char *argv[])
```

前两种形式不是规范的写法，后两种形式是 C99 标准里规定的形式，也是我们建议的形式。这 4 种形式的区别主要在于是不是有返回值和参数。如果无返回值，返回值类型是 void。如果有返回值，返回值类型必须是 int。main 函数的返回值用于说明程序的退出状态。如果返回 0，则代表程序正常退出；返回其他数字的含义则由系统决定。通常，返回非零代表程序异常退出。如果有参数，参数必须是一个 int 类型的变量和一个一维数组，其中保存的是字符指针，变量名要求一个是 argc，另一个是 argv。当然，也可以使用其他变量名，不过最好按照要求进行，使用 argc 和 argv 这两个变量名，以免发生特殊情况。如果没有参数，就什么都不写。

【动手试一试】

(1) 输入两个整数，求输出二者中的大者。要求在主函数中输入两个整数，用一个函数 max 求出其中的大者，并在主函数中输出此值。

(2) 编写一个函数，实现对三个整数求和，要求在主函数中输入三个整数，并调用此函数，返回结果。要求编写完整的函数定义、声明和调用代码。

思考与练习

一、选择题

1. 建立函数的目的之一是(　　)。

A. 提高程序的执行效率　　B. 提高程序的可读性

C. 减少程序的篇幅　　D. 减少程序文件所占内存

2. 若调用一个函数，且此函数中没有 return 语句，则该函数(　　)。

A. 没有返回值　　B. 返回若干个系统默认值

C. 能返回一个用户所希望的函数值　　D. 返回一个不确定的值

3. C语言允许函数值类型缺省定义，此时该函数值隐含的类型是(　　)。

A. float型　　B. int型　　C. long型　　D. double型

4. 有以下程序：

```
void fun (int  a,int  b,int  c)
{  a=456;b=567;c=678;}
   main()
   { int  x=10,y=20,z=30;
     fun (x,y,z);
     printf("% d;%d;%d \n",x,y,z);}
```

输出结果是(　　)。

A. 30;20;10　　B. 10;20;30

C. 456;567;678　　D. 678;567;456

5. 有如下程序：

```
int  func(int  a,int  b)
{ return(a+b);  }
main()
{  int  x=2,y=5,z=8,r;
   r=func(func(x,y,z));
   printf("%=d\n",r);
   }
```

该程序的输出结果是(　　)。

A. 12　　B. 13　　C. 14　　D. 15

二、填空题

1. 下面add函数的功能是求两个参数的和，并且和值返回调用函数。函数中错误的部分是__________，改正后为__________。

```
void  add(float  a,float  b)
{ float  c;
c=a+b;
return c;
}
```

2. 若已定义“int　a[10],i;”，以下fun函数的功能是：在第一个循环中给前10个数组元素依次赋1、2、3、4、5、6、7、8、9、10；在第二个循环中使a数组前10个元素中的值对称折叠，变成1、2、3、4、5、5、4、3、2、1。请填空。

```
fun( int  a[ ])
{
  int  i;
  for(i=1;i<=10;i++)________=i;
  for(i=0;i<5;i++)________=a[i];
}
```

项目8　求一个字符数组的长度——指针

学习目标

1. 知识目标

(1) 理解指针与指针变量的概念。

(2) 掌握指针变量的定义与引用。

(3) 理解指针和数组的关系。

2. 能力目标

(1) 掌握指针的基本概念和基本应用方法以及指针变量作函数参数。

(2) 能够根据程序需要进行指针变量的定义和引用。

(3) 能够运用指针实现一维数组和二维数组的操作。

(4) 能够运用指针实现字符串的处理。

(5) 逐步培养程序调试的能力。

【项目描述】

编写一个程序,利用指针求一个字符数组的长度。

任务1　三个数的排序

【任务导入】

我们在前面选择结构的学习中,已经学会用 if 语句来对三个数进行排序,但常用方法是对存放在变量里的数通过比较进行互换,这样原始的数据就要被替换。如果有些数据,比如一个数据库中的数据可以进行统计,但不能改变其位置,那该用什么办法呢? C 语言中最常用的就是用指针的办法。

【任务分析】

我们要保证变量的值不会在统计过程中被改变,就需要有一个工具能在判断变量的值的大小后,能记住它所在的地址,这样的话就不需要交换里边的值,这个地址就是指针。

另外，要想查看变量的内存地址，首先必须要能将变量的地址取出来；其次可以通过定义连续的多个变量，通过查看地址的变化来分析数据存放的规律。

【相关知识】

一、指针的概念

读者只要没有系统地学过计算机语言，指针都可能是一个陌生的概念。不仅如此，指针还是 C 语言难点中的难点，但从实际应用看，指针是 C 语言的灵魂。

运用指针编程是 C 语言最主要的风格之一。C 语言指针的作用很多，主要就是可以直接操作内存，那么直接操作内存的优点有哪些呢？

(1) 效率更高，这个很容易理解，直接操作内存，效率必然更高。

(2) 可以写复杂度更高的数据结构，这个也好理解，程序员可以操作内存，当然可以写出灵活、复杂的数据结构。

(3) 能很方便地使用数组和字符串，并能像汇编语言一样处理内存地址，从而编出精练而高效的程序。

在生活中有很多使用指针的例子。例如，手机号码就是一个指针实例。单纯一个手机号码，只是一串数字，没有什么实际意义。当拨打一个手机号码时，并不是想对该号码进行操作，而是想找到手机号码的拥有者。这时，手机号码就是一个指计，它指定了一个具体的使用者。

下面进行更详细的讲解。

1. 内存地址

要学指针，必须先弄清楚地址的概念。比起指针，地址可能更容易理解些。地址和指针其实是同一个东西，只是用在不同的地方而已。

从计算机的原理知道，内存是一个重要的部件。从硬件形态上说，内存就是一个物理设备；从功能上讲，内存是一个数据仓库，程序在执行前都要被装载到内存中，才能被中央处理器执行。

以 Windows 操作系统为例，执行安装在硬盘上的某个程序，实际上是将该程序的指令和数据读入内存，供中央处理器执行的过程。

内存是由按顺序编号的一系列存储单元组成的，在内存中，每个存储单元都有唯一的地址编号。通过地址可以方便地在内存单元中存取信息。内存中的数据要靠电源来维持，当计算机关机或意外断电时，其中的所有数据都永远消失了。

可以将内存看成一个个连续的小格子的集合，为了正确地访问这些小格子，必须给这些小格子编号。正如我们平时讲某栋房屋在 A 小区 B 楼 X 单元 Y 房间一样，这个 A，B，X 和 Y 实际上是对该房间的编号，有了这个编号，或者更通俗地说是“地址”，我们就能从一个城市的成千上万栋几乎一样的房子中找到该房间。

内存地址的引入是同样的道理，为了正确访问每个内存单元，要对其进行编址，以 32 位计算机为例，其地址空间为 32 位，采用 32 位地址编码，诸如 0X87654321 的形式。

内存地址是连续的，相邻内存单元间的地址差 1，可以把内存看成一个平坦连续的一维空间。

在 C 语言中，当定义变量时，系统根据变量的类型分配相应的一个或多个内存单元，而这个变量占有的第一个内存单元的地址就作为该变量的地址。

2．指针就是地址

前面已经了解了地址的概念，地址就是数据元素在内存中的位置表示。那么，指针又是什么呢？指针其实和地址是一个东西，指针即地址，地址即指针。比起“地址”，在程序中，指针能更加直观地表示指向某个位置这个意思。

地址表示一个位置，指针指向这个地址表示的位置，本质上它们是一个东西。只不过在谈到计算机内存的时候，用到地址的概念会多点，谈到程序的时候，用到指针的概念会多点。

在 C 语言中，变量的地址是由编译系统自动分配的，用户不必关心变量在内存中的位置。可如果程序中要用到某个变量的地址信息时，怎么办呢？

C 语言提供了取地址运算符 &，用于表示某变量的地址。格式如下：

```
&变量名
```

【例 8-1】 分别定义三个字符型变量 c1、c2、c3，三个整型变量 i1、i2、i3，三个双精度型变量 f1、f2、f3，然后在屏幕上显示它们的内存地址，并比较地址变化的规律。

代码如下：

```
#include <stdio.h>
int main(void)
{
   char c1,c2,c3;
   int i1,i2,i3;
   double f1,f2,f3;
   printf("c1、c2、c3 的地址分别是%d、%d、%d\n",&c1,&c2,&c3);
   printf("i1、i2、i3 的地址分别是%d、%d、%d\n",&i1,&i2,&i3);
   printf("f1、f2、f3 的地址分别是%d、%d、%d\n",&f1,&f2,&f3);
   return 0;
}
```

运行结果如图 8-1 所示。

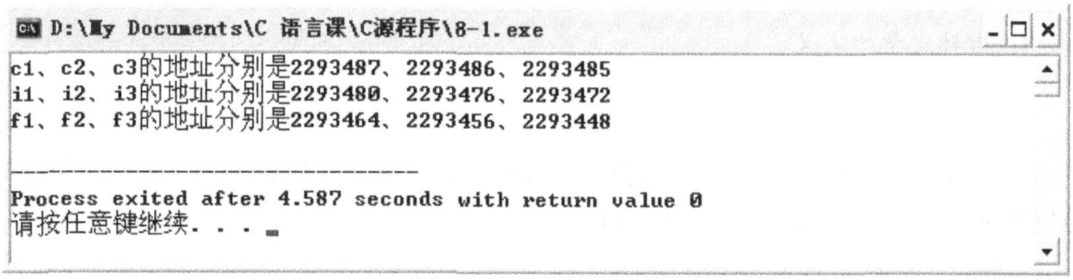

```
D:\My Documents\C 语言课\C源程序\8-1.exe
c1、c2、c3的地址分别是2293487、2293486、2293485
i1、i2、i3的地址分别是2293480、2293476、2293472
f1、f2、f3的地址分别是2293464、2293456、2293448

--------------------------------
Process exited after 4.587 seconds with return value 0
请按任意键继续. . .
```

图 8-1 例 8-1 程序运行结果

注意

程序或数据在内存中的地址是由操作系统根据当前计算机环境动态分配的，所以不同的计算机，在不同的时刻，得到的结果是不同的，但它们变化的规律是基本一致的。

说明：

表达式 &c1、&c2、&c3 等返回对应变量在内存中的地址，对于控制台应用程序，出于要与 DOS 操作系统兼容的目的，地址采用 24 位，所以地址的范围在 $0\sim2^{24}-1$ 之间。

从显示的结果看出，对于相邻的字符型变量，地址值变量为 1；而相邻的整型变量，地址的变化量为 4；相邻的双精度型变量，地址的变化量为 8。这个结果也告诉我们，在内存中，一个 ASCII 字符占有 1 个内存单元，一个 int 整数占有 4 个存储单元（视 C 编译版本而不同），而一个双精度型变量占用 8 个内存单元。

二、指针和指针变量

既然指针是程序语言中的概念，那么程序语言就应该有表示和保存指针的东西了。C 语言用指针类型来表示指针，用指针变量来保存指针。因而，指针变量也被叫作指针类型变量。

指针变量的值就是某个内存单元的地址，如图 8-2 所示。

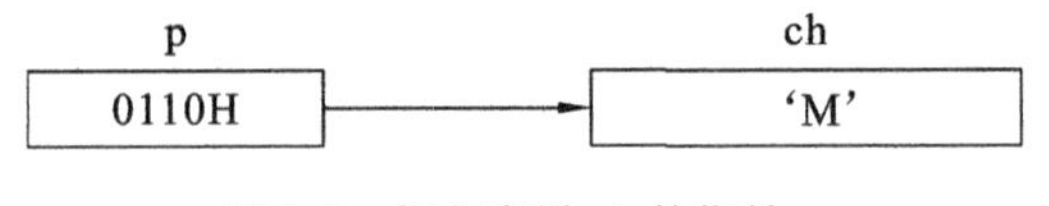

图 8-2　指向变量 ch **的指针** p

在图 8-2 中，设有字符型变量 ch，其内容为'M'（ASCII 码为十进制数 77），ch 占用了 0110H 号单元（地址用十六进制数表示）。设有指针变量 p，指针变量 p 的内容为 0110H。这种情况称为"p 指向变量 ch"或说"p 是指向变量 ch 的指针"。

严格地说，一个指针是一个地址，是一个常量。而一个指针变量却可以被赋予不同的指针值，是变量，但常把指针变量简称为指针。

指针是一个变量，它和普通变量一样，占用一定的存储空间，但指针的存储空间中存放的不是普通的数据，而是一个地址。

1. 指针变量的定义

指针变量的一般形式为

　　类型符　*　指针变量名

其中，* 表示这是一个指针变量，指针变量的类型是指向内存中存放的数据的类型（不是地址的类型，地址的类型都是一个无符号整型数）。

例如：

```
int  *p1;
```

表示 p1 是一个指针变量，它的值是某个整型变量的地址，或者说，p1 指向一个整型变量。

再如：

```
float  *p2;     /*p2是指向浮点型变量的指针变量*/
char   *p3;     /*p3是指向字符型变量的指针变量*/
```

在定义指针变量时需要注意以下几点。

(1) 指针变量只能指向同类型的变量，如 p2 只能指向浮点型变量，不能时而指向一个浮点型变量，时而又指向一个字符型变量。

(2) 指针变量名前面的“*”是一个说明符，用来说明该变量是指针变量，这个“*”是不能省略的，但它不是变量名的一部分。

2. 指针变量的初始化

指针变量同普通变量一样，使用之前不仅要定义、说明，而且必须赋予具体的值。未经赋值的指针变量不能使用，否则将造成系统混乱，甚至死机。

如果在指针变量声明之初确实不知道该将此指针指向何处，最简单的方式是“将指针悬空”，简称“NULL 指针”。如下：

```
int *p=NULL;
```

例如，设有指向整型变量的指针变量 p，如要把整型变量 a 的地址赋予 p，可以有以下两种方式。

(1) 指针变量初始化的方法。代码如下：

```
int a;
int *p=&a;
```

(2) 赋值语句的方法。代码如下：

```
int a;
int *p;
p=&a;
```

指针和变量的关系，可用图 8-3 来表示。

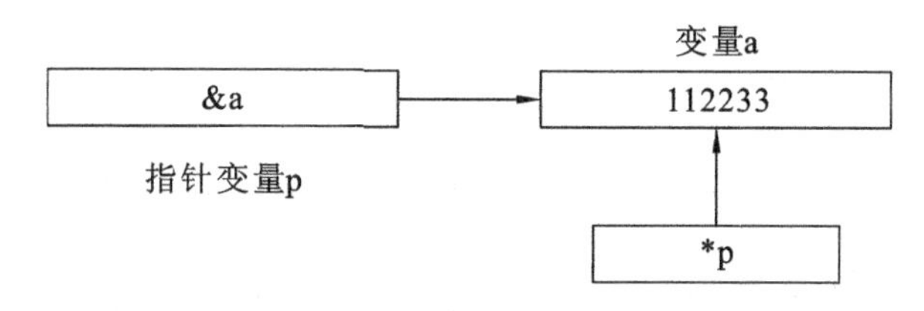

图 8-3　指针和变量的关系

3. 指针变量的运算

指针变量可以进行某些运算，但其运算的种类是有限的，它只能进行赋值运算和部分算术运算及关系运算。

1) 取内容运算符“*”

既然指针表示的是计算机数据在内存中的位置，那么我们如果用指针去直接访问，或者获取计算机中的数据岂不是会很方便？当然是的，指针的最直接的意义就在于此。因而，C 语言提供了一种运算来用指针获取计算机中的数据——取指针内容运算 *。取指针内容运算，顾名思义，就是使用指针取得指针所指的内存地址处的数据。这是一个单目运算符，结合性为自右向左。

它的 C 语言表示如下：

*指针变量

2）算术运算

对指针可以进行算术运算、关系运算。

【例 8-2】 指针的运算举例。

```
#include <stdio.h>
int main(void)
{
    int a=11,b=22,s,t,*pa,*pb;  /*声明 pa,pb 为整型指针变量*/
    pa=&a;                      /*给指针变量 pa 赋值,pa 指向变量 a*/
    pb=&b;                      /*给指针变量 pb 赋值,pb 指向变量 b*/
    s=*pa+*pb;                  /*求 a+b 之和(*pa 就是 a 的值,*pb 就是 b 的值)*/
    t=*pa**pb;                  /*求 a*b 之积*/
    printf("a=%d、b=%d、a+b=%d、a*b=%d \n",a,b,a+b,a*b);
    printf("s=%d、t=%d \n",s,t);
    return 0;
}
```

【任务实施】

【例 8-3】 输入三个整数，按从大到小的顺序输出这三个数。

```
#include <stdio.h>
int main(void)
{
   int a,b,c,*p1=&a,*p2=&b,*p3=&c,*t;
   printf("Please Input Three Integers:\n");
   scanf("%d,%d,%d",p1,p2, p3);
   if(*p1<*p2)         /**p1 就是变量 a 的值,*p2 就是变量 b 的值*/
    {
    t=p2;              /*若 a<b,进行指针交换,而不是变量的值进行交换*/
    p2=p1;
    p1=t;              /*指针交换后,指针变量 p1 指向 b, p2 指向 a*/
    }
 if(*p2<*p3)           /*经第一次比较后,*p2 就是 a,b 中的小者,*p3 就是变量 c 的值*/
  {
  t=p3;                /*若 min{ a,b }<c,再进行指针交换*/
  p3=p2;
  p2=t;                /*指针交换后,指针变量 p3 指向最小数*/
  }
```

```
    if(*p1<*p2)       /*重新对余下两个指针对应的值进行比较*/
        {
          t=p2;
          p2=p1;
          p1=t;
        }
      printf("排序后的数据是:%d,%d,%d\n",*p1, *p2,*p3);
      printf("a=%d,b=%d,c=%d\n",a, b,c);
    return 0;
    }
```

运行结果如图 8-4 所示。

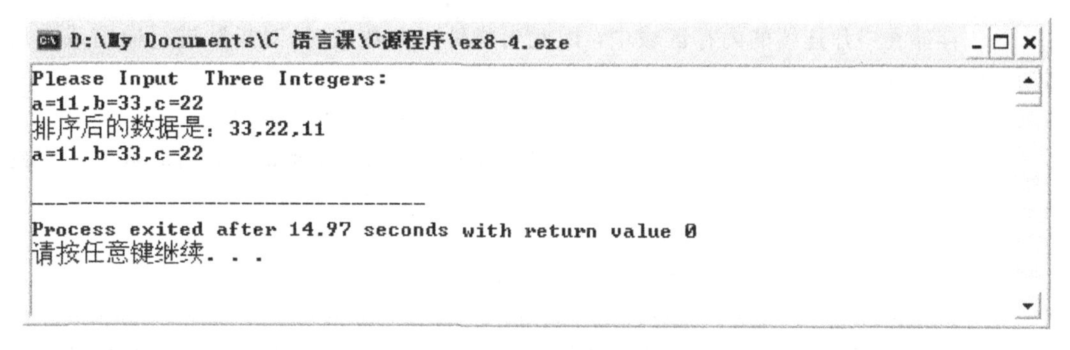

```
D:\My Documents\C 语言课\C源程序\ex8-4.exe
Please Input  Three Integers:
a=11,b=33,c=22
排序后的数据是: 33,22,11
a=11,b=33,c=22

--------------------------------
Process exited after 14.97 seconds with return value 0
请按任意键继续. . .
```

图 8-4　例 8-3 程序运行结果

【动手试一试】

用指针编程实现:输入三个整数，输出其中的最大值。

任务 2　数组与指针

【任务导入】

一个字符数组的长度与它的下标关系是对应的。要想求一个字符数组的长度,就是要寻找下标的位置。

显然,下标和指针(也就是内存地址)有着类似的作用,都是寻找某个位置的数据,只不过适用的范围不同,指针适用的范围要比数组的下标广得多。既然数组的下标和指针这样类似,那么数组和指针又有什么样的渊源呢?

在实际使用中,指针变量通常应用于数组,因为数组在内存中是连续存放的。指针应用于数组将会使程序的概念十分清楚、精炼和高效。所谓数组的指针是指数组的起始地址,数组名就是这块连续内存单元的首地址。

【任务分析】

本任务定义了两个指针变量 ptr1 和 ptr2，它们分别指向等于数组名和第一个数组元素 m[0]的地址，而在循环体中，不断地打印数组元素的值和指针 ptr1、ptr2 所指地址的值。随着循环的进行，ptr1 和 ptr2 指针的值也在不断地进行着增量移动。

【相关知识】

一、指向一维数组的指针变量

指针变量除了可以对其引用地址的内容进行运算外，也可对数组进行运算。指针是内存中的一个地址，所以指针运算的结果是另一个内存地址。

数组存储在一片连续的内存区域中，因此当指针指向数组时，对指针进行向前或向后移动便可以访问数组中的其他元素。

本节通过指针与一维数组的关系说明指针与数组之间应用的紧密性。

指向数组元素的指针变量和指向一般变量的指针变量一样，因此定义指向数组元素的指针变量的方法也一样。

例如：

```
int a[10];      /*定义 a 为包含 10 个整型数据的数组*/
int *p;         /*定义 p 为指向整型变量的指针*/
p=&a[0];        /*把 a[0]元素的地址赋给指针变量 p，即 p 指向 a 数组的第 0 号元素*/
```

C 语言规定，数组名代表数组的首地址，也就是说，数组名是第 0 号元素的地址，因此，下面两个语句等价：

```
p=&a[0];和 p=a;
```

注意

数组 a 不代表整个数组，不可以把“p=a”理解为把数组 a 的所有元素的值都赋给了 p。

二、指针变量在数组中的运算

由于数组元素在内存中是连续存放的，因此，可以通过指针变量 p 及其有关运算，间接访问数组中的每一个元素。

C 语言规定：如果指针变量 p 指向数组中的某一个元素，则 p+1 指向同一数组中的下一个元素。

下面是常见的一些指针变量运算介绍。

- 加一个整数：使用＋或者＋＝运算符，如 p+4。
- 减一个整数：使用－或－＝运算符，如 i－3。
- 自增运算：使用＋＋运算符，如 p＋＋。
- 自减运算：使用－－运算符，如 p－－。

● 两个指针变量相减:如 p1－p2。

● 比较运算:使用比较运算符判断两个指针变量地址的大小关系,如 p1＞p2。

假设有一个整型数组变量 a 的首地址为 20000,有一个指针变量 pa 的定义如下:

```
int  *pa=&a;
```

则 pa 指向的地址也是 20000。下面对各个运算方式进行详细介绍。

1. 自增运算和自减运算

对指针变量进行自增和自减运算。例如,执行以下语句:

```
pa++;
```

则 pa 的值就变为 20004,即 pa 每自增一次,指针就指向后一个 int 型数据。

注意

如果 pa 不是指针变量,而是普通的变量,pa 的值就是 20001。

C 语言规定:指针每递增一次,将指向后一个基类型元素的内存单元;指针每递减一次,将指向前一个基类型元素的内存单元。

2. 加上或减去一个整数

指针还可以加上或减去一个整数 n。例如,执行以下语句:

```
pa+=2;
```

与自增和自减类似,这时指针变量 pa 并不是将内存单元地址增加 2 个字节,而是将 pa 增加 4 个基本类型数的字节宽度,即 pa 的值为 20000＋2＊4＝20008。但需注意的是,不允许对指针进行乘法和除法运算,也不允许对两个指针进行相加运算。

3. 指针变量相减

由于指针变量保存的是内存地址,把两个内存地址相加没有意义,所以不允许将两个指针相加。但大部分编译器都支持两个指针相减的运算,两指针变量相减所得之差是两个所指变量之间相差的元素个数,实际上是两个指针值(地址)相减之差再除以该指针变量类型长度。

例如,有一个数组 a,两个指针 p 和 q 分别指向数组的不同元素,如图 8-5 所示。

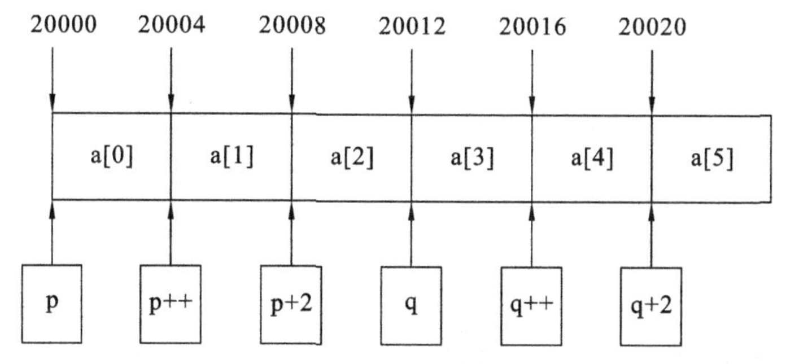

图 8-5 两个指针相减

这时执行 p－q，其计算过程为(20012－20000)/4＝3，表示 a[3]和 a[0]之间相差 3 个数组元素。

4. 指针比较

当两个指针指向同一数组中的元素时，它们之间还可以进行关系运算。主要有以下 3 种情况。

- p＞q 或 p＜q：两指针大小比较，表示两指针所指数组元素之间的前后关系。
- p＝＝q 或 p！＝q：表示两个指针是否指向同一个数组元素。
- p＝＝NULL 或 p！＝NULL：表示 p 是否为空指针。

【任务实施】

【例 8-4】 编写一个程序，要求用户向数组中输入 5 个整型数，然后使用指针输出数组中的奇数，并计算所有奇数之和。

分析：根据要求得知，要实现程序必须先将指针指向数组的首地址；然后取出地址对应的值，判断是否为奇数。如果是，则输出并计入总和；如果不是，则改变指针的位置，移到下一个元素地址。

```
#include <stdio.h>
int main(void)
{
  int a[5],i,sum=0;
  int *pa;                          /*定义指针变量*/
  pa=a;                             /*将数组 a 的首地址赋给 pa*/
  printf("请输入数组 a 中的数:\n");
  for (i=0;i<5;i++)
  scanf("%d",&a[i]);                /*用户输入数组 a 所有元素*/
  printf("\n 数组 a 中的奇数为:\n");
  for(i=0;i<5;i++)
  if (*(pa+i)%2==1)                 /*判断数组中的元素是否为奇数*/
  {
    printf("%5d",*(pa+i));
    sum+=*(pa+i);
  }
  printf("\n 数组 a 中的奇数和为: %d\n",sum);
  return 0;
}
```

说明

用指针的加整数的方法(pa＋i)移动指针，使其在数组中指向下一个元素。

运行结果如图 8-6 所示。

```
D:\My Documents\C 语言课\C源程序\8-5.exe
请输入数组a中的数:
8 12 51 27 33

数组a中的奇数为:
   51   27   33
数组a中的奇数和为: 111

--------------------------------
Process exited after 24.06 seconds with return value 0
请按任意键继续. . .
```

图 8-6　例 8-4 程序运行结果

【例 8-5】 编写一个程序,用指针求字符的长度。

```
#include <stdio.h>
int main(void)
{
char s[80];
char *ps;                              /*定义指针变量*/
gets(s);                               /*用字符串输入函数 gets 的目的是只有用户回车时
                                         才认为结束*/
ps=s;                                  /*将数组 s 的首地址赋给 ps*/
while (*ps!='\0')                      /*当指针指向的数组元素值是结束标志'\0'时,停止
                                         自增指针变量*/
ps++;
printf("字符长度为:%d\n",ps-s);       /*指针变量相减运算得出字符串长度*/
printf("输入字符串为:%s\n",s);        /*输出字符串*/
return 0;
}
```

运行结果如图 8-7 所示。

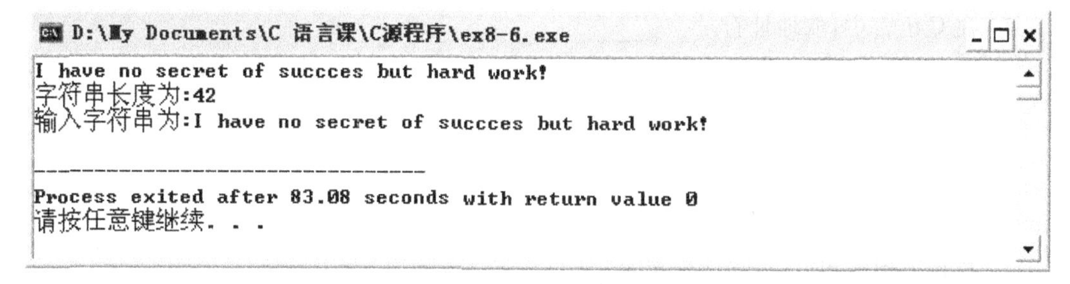

图 8-7　例 8-5 程序运行结果

【动手试一试】

(1) 分别用如下方法输入输出一个整型数组中的各元素：数组名下标法、指针下标法、指针变量法、通过指针变量的自增运算引用数组元素。

(2) 用指针编程：从键盘输入 10 个整数，然后逆序输出。

思考与练习

一、选择题

1. 变量的指针，其含义是指该变量的（　　）。

A. 值　　B. 名　　C. 地址　　D. 一个地址

2. 若有定义“int a, * p;”，则以下正确的赋值语句是（　　）。

A. p=&a;　　B. p=a;　　C. * p=&a;　　D. * p= * a;

3. 若有语句“int * p,a=4;”和“p=&a;”，下面均代表地址的一组选项是（　　）。

A. a,p, * &a　　B. & * a,. &a, * p

C. * p, * &p,&a　　D. &a, & * p,p

4. 若有以下定义：

```
int a[5],* p= a;
```

则对 a[]数组元素的正确引用是（　　）。

A. * &a[5]　　B. a+2　　C. * (p+5)　　D. * (a+2)

5. 若有定义“int a[]={1,2,3,4,5},int * p=a;”，则下列正确的描述是（　　）。

A. 定义不正确

B. 初始化变量 p，使其指向数组 a 的第一个元素

C. 把 a[0]的值赋给变量 p

D. 把 a[1]的值赋给变量 p

6. 设有定义“float a[5], * p=a;”，若 p 中当前地址值是 65400，则执行 p++后，p 中的值是（　　）。

A. 65401　　B. 65402　　C. 65404　　D. 65408

二、填空题

1. 在 C 语言中，取地址符是________。

2. 定义指针变量时，必须在变量前加________，________指针变量是存放________的变量。

3. 执行下列语句后，n 的值是________。

```
int m[20],*p=&m[5], *q=m+17,n
n=p-q;
```

4. 执行下列语句后，程序的输出是________。

```
int m[]={1,2,3,4,5,6,7,8},*p=m+7, *q=&m[2];
p=p-3;
printf("%d,%d\n",*p,*q);
```

项目9　学生成绩单制作——结构体

学习目标

1. 知识目标

(1) 掌握结构体类型的定义。

(2) 掌握结构体变量的定义。

(3) 掌握结构体变量的初始化、赋值及从键盘输入。

(4) 掌握结构体变量的输出。

(5) 了解结构体指针的概念。

2. 能力目标

(1) 使用结构体自定义复合数据类型。

(2) 可以使用结构体数组解决数据记录问题。

【项目描述】

建立一个50人的班级学生成绩表，包括学号、姓名、性别、年龄、总分数据等信息。

任务1　一个学生信息的结构体类型及变量的应用

【任务导入】

工作中，经常有一些类型不同但又相互关联在一起的数据。比如，要处理一个员工的信息，就需要他的工号、姓名、性别、年龄、基本工资、奖金等数据。这些数据中，有一些是整数，一些是实数，另一些是字符串。如果将工号、姓名、性别、年龄、基本工资、奖金分别定义成相互独立的简单变量，想要查看某一员工的姓名、年龄和工资就会显得非常不便。这就需要一种方法，将具有内在联系的不同类型的数据关联起来，组成复合数据，在C语言里，这种数据类型就是结构体。

【任务分析】

学生成绩表的基本任务就是：定义一个有关学生信息的结构体类型student，它含有4个成员变量，分别是学号(num)、姓名(name)、性别(sex)、年龄(age)，可以如下定义。

```
struct  student
{
long  num;
char  name[10];
char  sex;
unsigned  age;
};
```

定义了结构体类型 student 后，再定义两个结构体变量

```
struct  student  stu1,stu2;
```

在程序中就可以对它们进行赋值或引用了。

【相关知识】

在实际问题中，一组数据往往具有不同的数据类型。例如，在学生登记表中，姓名应为字符型，学号可为整型或字符型，年龄应为整型，性别应为字符型，成绩可为整型或实型。

显然，不能用一个数组来存放这一组数据。因为数组中各元素的类型和长度都必须一致，以便于编译系统处理。为了解决这个问题，C语言给出了另一种构造数据类型——结构(structure)，也称为结构体。它相当于其他高级语言中的记录。

结构体属于构造数据类型，它由若干成员组成，成员的类型既可以是基本数据类型，也可以是构造数据类型，而且可以互不相同。由于不同问题需要定义的结构体中包含的成员可能互不相同，所以，C语言只提供定义结构体的一般方法，结构体中的具体成员由用户自己定义。这样，编程人员可以根据实际需要定义各种不同的结构体类型。

结构体分为结构体类型和结构体变量两部分，如我们平常所说的学生，它是一个群体的类型，而具体的学生张三、李四等对应学生类的某个对象，可将它的数据赋值给学生类的相关变量。

结构体遵循“先定义后使用”的原则，其定义包含两个方面，一是定义结构体类型；二是定义该结构体类型的变量。

1. 结构体类型定义

结构体类型的定义格式为：

```
struct 结构体类型名 {类型  成员 1;  类型 成员 2;…;类型  成员 n;};
```

这里结构体类型名可以是任意合法的C语言标识名，花括号中的成员类型可以是基本数据类型，也可以是其他已定义的结构体类型，或是对应某类型的指针。

例如，要描写员工(work)的基本情况，可以定义的结构体类型为：

```
struct work
{
  long  number ;
  char name[10];
  unsigned  age;
};
```

在这个结构体定义中，结构名为 work，该结构由 3 个成员组成。第一个成员为 number，

长整型变量;第二个成员为 name,拥有 10 个字符的字符数组;第三个成员为 age,无符号整型变量。结构体定义之后,即可进行变量说明。凡说明为结构 work 的变量都由上述 3 个成员组成。

2. 结构体变量的定义

当结构体类型定义完成后,就可以定义结构体变量。定义结构体变量的方法有两种,分别为结构体类型与结构体变量分开定义与同时定义。

(1) 结构体类型与结构体变量同时定义。

```
struct work
{
   long  number ;
   char name[10];
   ing  age ;
   }  work1;
```

(2) 结构体类型与结构体变量分开定义。

分开定义是指先定义结构体类型,再定义结构体变量。

```
struct work  //此处定义 work 结构体类型
{
  long  number ;
  char name[10];
  ing  age ;
  };
  struct work work1,work2;//此处定义了两个 work 结构体类型的变量 work1 和 work2
```

3. 结构体成员变量的引用及赋值

通过圆点(.)操作符可访问结构体中的成员。访问一个结构体成员的一般形式为:

结构体变量名.成员名;

它表示结构体变量对具体成员的引用。以下代码把 1210123 赋给结构体变量 work1 的成员 number:

```
work1.number=1210123;
```

如欲显示 work 的成员变量值,可以写为:

```
printf("姓名为%s",work1.name);
printf("工号为%d",work1.number);
printf("年龄%d",work1.age);
```

同理,从键盘读入的语句是:

```
scanf("%s”,&work1.name);
scanf("%d”,&work1.age);
scanf("%ld”,&work1.number);
```

【任务实施】

输入代码:

```
#include <stdio.h>
int main(void)
{
struct  student
{
    int  num;
    char  name[10];
    char  sex;
    unsigned  age;
    int total;
};
struct student stu1;
printf("请输入学号:\n");
scanf("%d",&stu1.num);
printf("请输入姓名:\n");
scanf("%s",&stu1.name);
printf("请输入性别:\n");
scanf("\n%c",&stu1.sex);
printf("请输入年龄:\n");
scanf("%u",&stu1.age);
printf("请输入总分:\n");
scanf("%d",&stu1.total);
printf("以下内容为输入学生信息的汇总:\n");
printf("姓名:%s,学号:%d,性别:%c,年龄:%u,总分:%d\n",stu1.name,
stu1.num,stu1.sex,stu1.age,stu1.total);
return 0;
}
```

运行结果如图 9-1 所示。

```
D:\My Documents\C 语言课\C源程序\ex9-1.exe
请输入学号:
201601001
请输入姓名:
zhanghua
请输入性别:
m
请输入年龄:
21
请输入总分:
389
以下内容为输入学生信息的汇总:
姓名: zhanghua,学号: 201601001,性别: m,年龄: 21,总分: 389

--------------------------------
Process exited after 30.68 seconds with return value 0
请按任意键继续. . .
```

图 9-1　学生成绩运行结果

【拓展延伸】

结构体各成员变量的值在内存中是连续存放的，其首地址代表该结构体变量的地址。可以定义结构体类型的指针来指向结构体变量。其语法如下：

```
struct  结构体名  *指针变量;
```

假设用上例中的结构体类型 student 定义一个指针变量，代码可以写为

```
struct  student  *p_stu;      //定义 student 类型的结构体变量
p_stu=&stu1;                  //为定义的指针变量赋值
```

对结构体变量的引用，有两种方法：

(1) 结构体指针变量－＞成员名，如“p_stu－＞num＝123456;”；

(2) (＊结构体指针变量名).成员名，如“(＊p_stu).num＝234567;”。

修改上面的程序，定义两个学生并给其相应初值，将编号(num)最大的一个学生结构体地址赋给一个结构体指针变量，并输出其成员变量信息。

参考程序如下：

```
#include <stdio.h>
int main(void)
{
struct  student{
                  long  num;
                  char  name[10];
                  char  sex[3];
                  unsigned  age;
};
struct student  *pstu;
struct student stu1={100001,"王明","男",20}, stu2={100002,"李明","男",19};
if(stu1.num>stu2.num)pstu=&stu1;
else  pstu=&stu2;
printf("%s,%d,%s,%u\n",pstu-> name,pstu-> num,pstu-> .sex,pstu-> age);
return 0;
}
```

【动手试一试】

创建一个学生信息的结构体，包含学号、姓名、性别、3门课成绩、总分、平均分，从键盘输入这个学生的信息并输出学生的信息及总分和平均分。

任务2 多个学生成绩单的制作

【任务导入】

上个任务中我们用结构体建立了一个学生的信息，那么一个班的学生成绩表如何建立

呢？前面我们用数组来解决批量数据的问题，同样我们可以用结构体数组来完成一个班学生成绩单的制作。

【相关知识】

用结构体处理具有多个不同属性的对象非常便捷高效，如果有 50 或 100 个同类型的对象，定义 50 或 100 个具有不同名字的结构体变量显然不是一个明智的选择，此时需要一个更可靠好用的方法来处理大量同类型数据，这种解决方法就是使用结构体数组。事实上，结构体最常见的用法就是结构体数组(array of structures)。

结构体数组的定义方法与普通变量的定义方法类似，其语法如下：

```
struct  结构体类型名  变量数组名[元素个数]
```

假设一个班级里有 50 名学生，可以这样定义：

```
struct  student  stu[50];
```

引用结构体数组中成员变量的语法为：

```
数组名[下标].成员名
```

如：

```
stu[10].age=22;
```

【任务实施】

根据前述内容，多个学生成绩单的代码如下：

```
#include <stdio.h>
struct  student          /*定义一个名为 student 的结构体*/
{
int  num;
char  name[20];
char sex;
int score[3];
int sum;
float average;
};
int main( void)
{
    int i;
    struct student stu[3];
    for(i=0;i<3;i++)
    {
    printf("请输入学号:");  scanf("%d",&stu[i].num);
    printf("请输入姓名:");    scanf("%s",&stu[i].name);
    printf("请输入性别:");  scanf("\n%c",&stu[i].sex);
    printf("请输入高数成绩:");  scanf("%d",&stu[i].score[0]);
    printf("请输入英语成绩:");  scanf("%d",&stu[i].score[1]);
```

```
        printf("请输入C语言成绩:");  scanf("%d",&stu[i].score[2]);
        stu[i].sum=stu[i].score[0]+stu[i].score[1]+stu[i].score[2];
        stu[i].average=stu[i].sum/3.0;
        }
        printf("\n\t学号\t姓名\t\t性别\t高数\t英语\tC语言\t总分\t平均分\n");
        for(i=0;i<3;i++)
        printf("\t%d\t%s\t\t%c\t%d\t%d\t%d\t%d\t%.2f\n",stu[i].num,stu[i].name,
        stu[i].sex,
        stu[i].score[0],stu[i].score[1],stu[i].score[2],stu[i].sum,stu[i].average);
        return 0;
    }
```

运行时输入数据及结果如图9-2所示。这里只定义了3个学生变量，如果是多个学生变量，只需要将循环体中的条件做对应修改就可以处理大量学生的数据了。

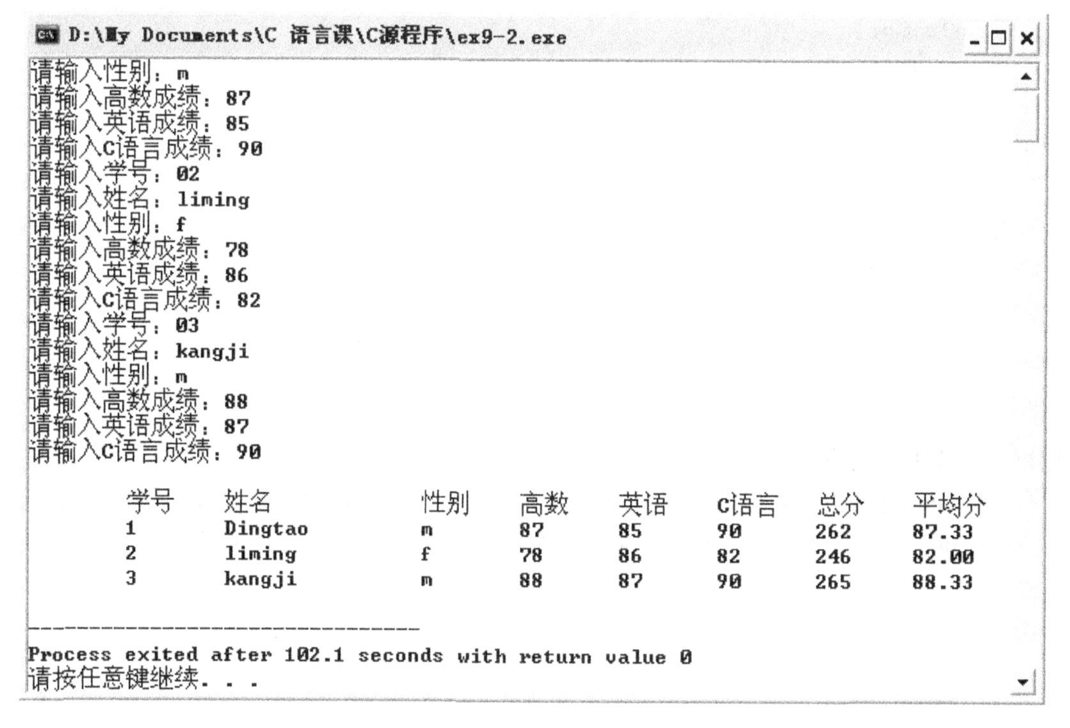

图9-2 多个学生成绩单运行结果

【动手试一试】

(1) 创建一个学籍管理结构体，包含学号、姓名、性别、住址、电话等信息，从键盘输入5个学生的学籍并输出。

(2) 输入5个学生的信息，编写程序从中查找并输出总分成绩最高的学生信息。

思考与练习

请完成以下选择题。

1. 下列说法正确的是(　　)。

A. 结构体的每个成员的数据类型必须是基本数据类型

B. 结构体的每个成员的数据类型必须相同

C. 结构体定义时，其成员的数据类型不能是结构体本身

D. 以上说法均不正确

2. 已知 int 占 4 个字节，有如下定义：

```
struct student
{
int a;
char c;
float d;
int b[5];
}
```

则结构体变量 stu 占用内存的字节数是(　　)。

A. 4　　B. 23　　C. 25　　D. 29

3. 设有以下说明语句：

```
struct stu1
{
  int c;
  int d;
} studytype;
```

则以下叙述中不正确的是(　　)。

A. struct 是结构体类型的关键字　　B. struct stu1 是用户定义的结构体类型

C. studytype 是用户定义的结构体类型名　　D. c 和 d 都是结构体成员名

4. 程序中有下面的说明和定义：

```
struct  abc
{
int x;
char y;
}
struct  abc s1,s2;
```

则会发生的情况是(　　)。

A. 编译出错　　B. 程序将顺利编译、连接、执行

C. 能顺利通过编译、连接，但不能执行　　D. 能顺利通过编译，但连接出错

项目10 处理文件

学习目标

1. 知识目标

(1) 了解C语言中的文件。

(2) 如何处理文件。

(3) 如何读写格式化文件及二进制文件。

2. 能力目标

(1) 从文件中获取自己需要的数据。

(2) 将需要保存的数据写到文件中。

任务1 知识准备

【任务导入】

在前面的程序中，当需要数据时，我们就从键盘输入，然后将处理的结果显示在屏幕上。这些程序中涉及的数据被保存在计算机的内存中，如果程序执行结束，相关的数据也会被清除。对于一个学生信息系统这类的问题，如果每次运行程序，都需要逐个地重新输入每个学生的各类信息数据，这种无意义的重复做法显然是不可行的。我们希望将那些重复使用的数据保存下来，即使将计算机关机，甚至换成其他不同的计算机，我们仍然能够重新利用这些数据。

在计算机中，我们之所以能够相互分享程序、文档或数据，实际上都是利用了能够储存在计算机外部设备中的文件技术，文件被存储在计算机的硬盘、光盘、U盘等各类外部存储介质中，它们可以被复制，可以被传输到网络上，它们的存在并不依赖于计算机的状态，将计算机关闭，文件并不会消失，它是可以长期独自保存的。

将需要保存的数据存放在文件中，当下次再使用的时候，只要打开这个文件，将数据读出来就可以，这样可以有效减少重复劳动。C语言提供了有关文件处理的若干工具，掌握这些工具及方法，在C语言程序中就可以灵活地对文件进行各种操作。

【任务分析】

对文件的操作有打开、关闭、读取数据、写入数据等，对于不同的文件类型，这些操作方法的细节也不同，如文本文件、word 文档、可执行程序等，它们的打开方法是不同的。初学者首先要学会对文本文件进行读出数据和写入数据的操作，在此基础上，触类旁通，可以对其他格式的文件进行各种操作。

【相关知识】

一、文件类型

打开计算机，我们在计算机的磁盘、文件夹中看到的都是各种不同的文件，即使我们访问远程的网站，我们得到的也是一个个网页文件，这些文件通过扩展名来区别其类型，如文本文件的扩展名一般是“.txt”，Word 文档的扩展名为“.doc”或“.docx”，MP3 文件的扩展名为“.mp3”，可执行文件的扩展名为“.exe”或“.com”等。

看起来，好像是文件的扩展名决定了文件的性质，实际上，我们并不能通过将一个 MP3 文件的扩展名修改为“.doc”就使它变成 Word 可打开的文档，也不能因为 Word 文档的扩展名被改成“.txt”就可以用文本编辑器来修改它。

本质上，文件中的数据都是由一个个字节组成的，这些字节的组织形式及规范决定了一个文件可以被什么类型的应用程序正确打开。任何文件中的字节内容都可以通过一个二进制查看程序来显示其原始内容，但要展示成我们能够理解的内容，仍然需要合适的工具和方法。

下面我们打开一个文件名叫“蛙泳口诀”的 Word 文件，分别用 Word 应用程序、记事本应用程序来查看其内容，用 Word 应用程序打开后如图 10-1 所示，其内容只有几行文字。

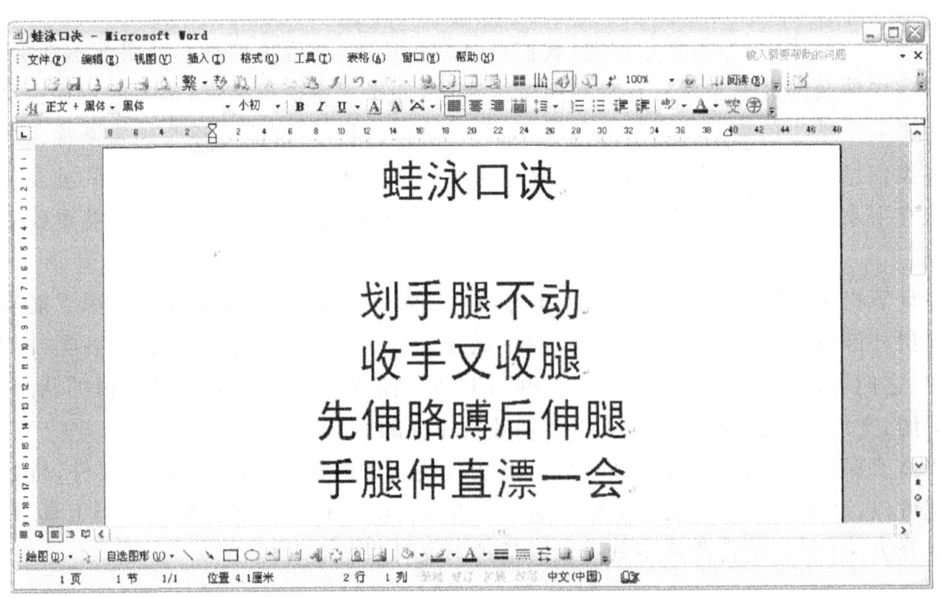

图 10-1　用 Word 打开文件

用记事本应用程序打开后如图 10-2 所示，一堆乱码。

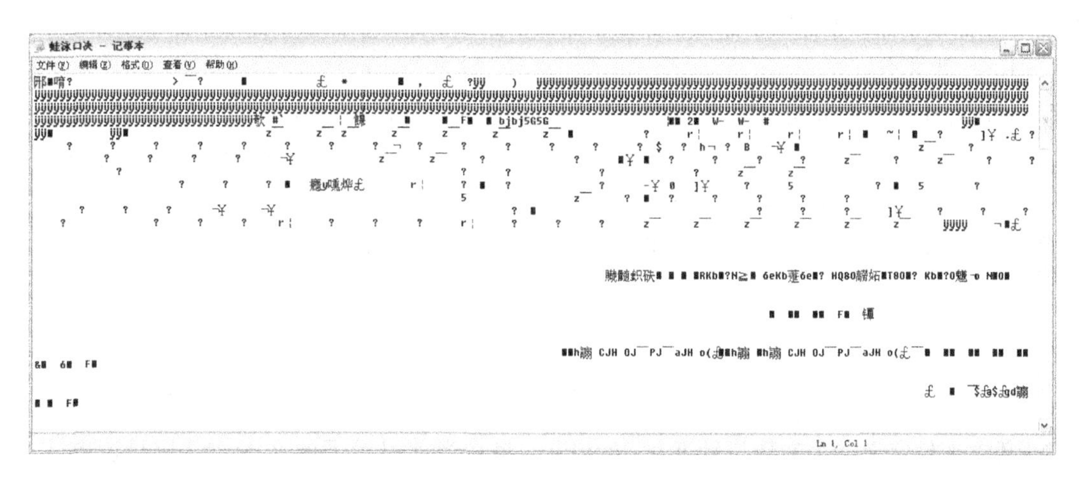

图 10-2　用记事本打开文件

显然，Word 文档只有在 Word 应用程序中才能得到正确的结果。像 Word、Excel、PPT 文档，文件中除了要显示的文字、数据等，还含有各种不同的格式，这类文件称为格式文件。格式文件必须要使用专用的软件工具进行解读才能得到正确的结果。

另一类文件中只有纯粹的可以显示的字符(换行符除外)，如 ASCII 码或汉字，它不内置任何格式(如字体、字号、颜色等)，这类文件称为无格式文件，习惯上将它们称为文本文件。当我们用 Windows 自带的记事本生成文件时，所产生的文件就是文本文件，文本文件因为不含格式，几乎可以被任何编辑器或应用程序打开或生成。

基于文本文件的特点，它经常被用来保存一些应用产生的数据，也常被用来在不同应用甚至不同的操作系统间分享数据。

要注意的是，在记事本中，我们好像能修改文本文档显示的字体类型或字号大小，但它们只是作用于记事本的当前窗口，并不能将同一窗口中的内容显示成多个格式。这种窗口的格式与文件内容并无实质关系。

二、文件的访问方法

C 语言程序通过一个文件指针链接一个要访问的文件。定义文件指针变量的语法如下：

```
FILE  *文件指针变量名;
```

这里，FILE 要大写，表示是文件类型，它的原型在＜stdio. h＞中定义，所以我们要使用 FILE 类型，必须在程序开头包含＜stdio. h＞，即在程序的开头有以下语句：

```
#include <stdio.h>
```

包含“ * ”定义的变量是指针，变量名可以是任何合法的 C 语言标识符，对于文件指针变量名，习惯上我们推荐首字母使用字符“p”，后面的名字中含有单词 file，如：

```
FILE  *pmyfile;
FILE  *pmydatafile;
```

1. 打开文件

将内存中的文件指针变量关联到要访问的某个外部文件的过程，称为打开文件，这个过程由专门的函数 fopen()负责完成。fopen()函数在<stdio. h>中定义，它的一般形式如下：

```
FILE  *fopen(char  *filename, char  *mode)
```

它的一个典型应用可以这样表述：

```
FILE  *pmyfile=fopen("全文件名","打开方式");
```

例如：

```
FILE  *pmyfile;
pmyfile=fopen("myfile.txt","r");
```

其含义是定义一个文件指针变量 pmyfile，将在当前目录下的文本文件按只读方式打开，并与文件指针变量 pmyfile 相关联。

再如：

```
FILE  *pmyfile;
pmyfile=fopen("d:\\mydir\\file.txt","w");
```

其含义是打开一个存放在文件夹 d:\mydir\ 中的文本文件 file. txt，将它与文件指针 pmyfile 关联，打开的文件只可用于写入。

注意

两个连续的"\\"中的第一个"\"是转义字符，两个在一起才能表示路径符号"\"。

又如：

```
FILE  *pmyfile1;
pmyfile1=fopen("file.txt","a");
```

其含义是以追加的方式打开当前文件夹中的"file. txt"文件。若文件不存在，则会建立该文件。如果文件存在，写入的文本数据会被加到文件尾，即文件原先的内容会被保留。"file. txt"打开成功后，将与文件指针变量 pmyfile1 关联。

C 语言有关文件打开的方式共有 12 种，如表 10-1 所示。

表 10-1　C 语言有关文件打开的方式

文件打开方式	意　义
r	只读打开一个文本文件，只允许读数据
w	只写打开或建立一个文本文件，只允许写数据
a	追加打开一个文本文件，并在文件末尾写数据
rb	只读打开一个二进制文件，只允许读数据

续表

文件打开方式	意　　义
wb	只写打开或建立一个二进制文件，只允许写数据
ab	追加打开一个二进制文件，并在文件末尾写数据
r+	读写打开一个文本文件，允许读和写
w+	读写打开或建立一个文本文件，允许读写
a+	读写打开一个文本文件，允许读，或在文件末追加数据
rb+	读写打开一个二进制文件，允许读和写
wb+	读写打开或建立一个二进制文件，允许读和写
ab+	读写打开一个二进制文件，允许读，或在文件末追加数据

2. 关闭文件

文件使用完毕后，必须告诉操作系统要关闭文件，这个动作由函数 fclose()完成，它主要包括两个任务：一是如果文件内容有了改变，要将缓冲区中的内容写入文件，确保数据不会丢失；二是释放文件指针，如果文件被成功关闭，函数将返回整数 0，否则将返回常数 EOF。

关闭文件的方法如下：

```
fclose(pmyfile);
```

参数 pmyfile 为指向欲关闭文件的指针。当文件成功关闭后，指针 pmyfile 将不能再用于访问它原来表示的文件。

任务 2 文本文件的读写操作

【任务描述】

读入一个文本文件，将其中的内容显示在屏幕上，然后将其中的小写字母转换为大写字母，输出到另一个文本文件中。

【任务导入】

有了前面的文件操作知识，我们就可以开始学习具体的文件操作了。如前所述，文件有多种类型，但 C 语言按文件中数据的储存格式将文件按大类分为文本文件和二进制文件，对文件的操作也划分为针对文本类型和二进制类型两种。

【任务分析】

C 语言初学者很难掌握二进制文件操作。在我们的任务中，只学习对文本文件基本的读、写和追加三种操作方式。

【相关知识】

文件打开后，对文件内容的操作就变成对文件指针变量的操作。C语言提供了多个函数用于对文件内容的读写。本任务用到的有以下几个。

1. 字符写入函数 fputc()

fputc()的一般形式如下：

```
int  fputc(int  c, FILE *stream);
```

它将参数 c 先转化为 unsigned char，再写入文件指针参数 stream 所指的文件中。如果写入成功，将返回写入的字符，否则返回常数 EOF。

在实际操作中，操作系统会先将向文件输出的字符放入缓冲区中，当字符个数达到一定数量或满足一定的触发条件时再将缓冲区中的内容一次性写入物理文件中，从而优化磁盘操作效率。

【例 10-1】 字符写入函数示例。

```
#include <stdio.h>
int main(void)
{
FILE  *pfile;
char c='z';
pfile=fopen("e:\\file1.txt","w");
fputc(c,pfile);
fclose(pfile);
}
```

2. 从文件中读入一个字符函数 fgetc()

fgetc()的一般形式如下：

```
int  fgetc(FILE *stream);
```

fgetc()返回从指针变量 stream 所指文件中读入的一个字符，如遇到文件结尾，将返回 EOF。

【例 10-2】 从文件中读入一个字符函数示例。

```
#include <stdio.h>
int main(void)
{
FILE  *pfile;
char c;
pfile=fopen("file1.txt","r");
c=fgetc(pfile);
putchar(c);
fclose(pfile);
}
```

3. 从文件中格式化读入函数 fscanf()

fscanf()的一般形式如下：

```
int fscanf(FILE *stream, char *format[,argument...]);
```

说明

FILE * 表示一个 FILE 型的指针；char * 格式化输出函数，和 scanf( )里的格式一样。

返回值：成功时返回转换的字节数，失败时返回一个负数。

【例 10-3】 从文件中格式化读入函数示例。

```
#include <stdio.h>
int main(void)
{
 FILE  *pfile;
 char c1[30];
 pfile=fopen("e:\\file1.txt","r");
 fscanf(pfile,"%s",c1);
 printf("%s\n",c1);
 fclose(pfile);
}
```

4. 向文件中格式化输出函数 fprintf()

fprintf()的一般形式如下：

```
int fprintf(FILE *stream, char *format[, argument,...]);
```

说明

FILE * 是一个 FILE 型的指针；

char * 格式化输出函数，和 printf( )里的格式一样。

返回值：成功时返回转换的字节数，失败时返回一个负数。

【例 10-4】 向文件中格式化输出函数示例。

```
#include <stdio.h>
int main(void)
{
FILE  *pfile;
char c1[]="hello,world! ";
pfile=fopen("file1.txt","w");
fprintf(pfile,"%s",c1);
fclose(pfile);
}
```

5. 用 fprintf()向文件中追加数据

打开模式为“a”时，表示打开文件后，输出的数据保存在文件尾部，原来数据保持不变，如果文件不存在，则创建一个新文件，然后向文件中输出内容。

【例 10-5】 用 fprintf()向文件中追加数据示例。

```
#include <stdio.h>
int main(void)
{
FILE  *pfile;
char c1[]="hello,world! \n";
pfile=fopen("file1.txt","a");
fprintf(pfile,"%s",c1);
fclose(pfile);
}
```

试试执行两次以上的例 10-5 的程序，文本文件“file1. txt”中将会出现两行以上的“hello,world!”。

【任务实施】

本任务要求读入文本文件中的所有字符，所以要用 fgetc()和 fputc()函数。先用记事本创建一个文本文件 file1. txt，随机输入一些 ASCII 字符，保存关闭后进行测试。

(1) 建立新程序，输入以下代码：

```
#include <stdio.h>
int main(void)
{
FILE  *pfile1,*pfile2;
char c1;
pfile1=fopen("e:\\file1.txt","r");
pfile2=fopen("e:\\file2.txt","w");
c1=fgetc(pfile1);
while(c1!=EOF)
{
   putchar(c1);
   if(c1>='a' && c1<='z')c1=c1-32;
   fputc(c1,pfile2);
   c1=fgetc(pfile1);
}
fclose(pfile1);
fclose(pfile2);
}
```

(2) 编译运行程序，然后检查 E 盘根文件夹中的文件 file1. txt 和 file2. txt，应有类似于

图 10-3 所示的结果。

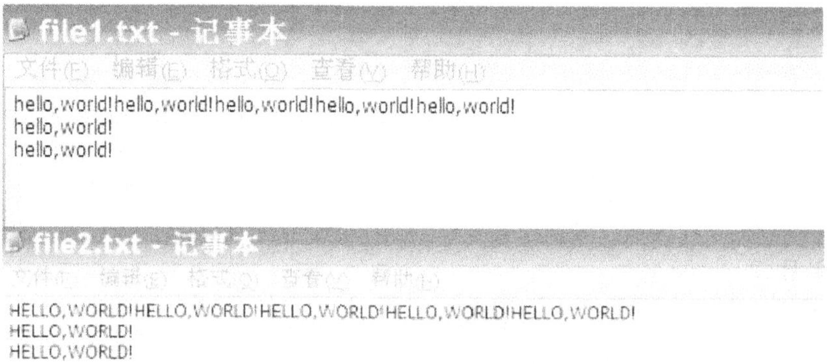

file1.txt - 记事本

文件(F) 编辑(E) 格式(O) 查看(V) 帮助(H)

```
hello,world!hello,world!hello,world!hello,world!hello,world!
hello,world!
hello,world!
```

file2.txt - 记事本

文件(F) 编辑(E) 格式(O) 查看(V) 帮助(H)

```
HELLO,WORLD!HELLO,WORLD!HELLO,WORLD!HELLO,WORLD!HELLO,WORLD!
HELLO,WORLD!
HELLO,WORLD!
```

图 10-3 读入文本文件运行结果

思考与练习

1. 下列关于 C 语言的文件操作的结论中，(　　)是正确的。

A. 对文件操作顺序无要求

B. 对文件操作必须是先打开文件

C. 对文件操作必须是先关闭文件

D. 对文件操作必须先测试文件是否存在，然后再打开文件

2. C 语言可以处理的文件类型是(　　)。

A. 数据代码文件　　B. 文本文件和二进制文件

C. 数据文件和二进制文件　　D. 文本文件和数据文件

3. 以下可作为函数 fopen( )中第一个参数的正确格式是（　　）。

A. "c:\\user\\text. txt"　　B. "c:\user\text. txt"

C. c:\user\text. txt　　D. c:user\text. txt

4. 若执行函数 fopen( )时发生错误，则函数的返回值是(　　)。

A. EOF　　B. 0　　C. 1　　D. 地址值

5. 当顺利执行了文件关闭操作时，函数 fopen( )的返回值是(　　)。

A. TRUE　　B. －1　　C. 1　　D. 0

6. 若调用 fputc( )函数输出字符成功，则其返回值是(　　)。

A. EOF　　B. 输出的字符　　C. 1　　D. 0

项目11　学生信息管理系统——综合训练

学习目标

1. 知识目标

(1) 掌握数据结构的设计和主菜单的实现。

(2) 掌握模块函数的实现和调试。

2. 能力目标

(1) 掌握项目的分解和模块功能的划分方法。

(2) 掌握大文件、多函数的实现和调试。

【项目描述】

利用前述所学C语言的知识开发一个学生信息管理系统，学生信息包括学号、姓名、班级、性别、出生日期和五门课程的成绩等。要求实现以下功能。

(1) 学生信息维护：可添加、删除学生记录，修改学生成绩。

(2) 学生信息查询：可按学号、按姓名、按班级查询学生成绩。

(3) 学生信息统计：统计某年出生的学生人数，统计各班级男女生人数、统计各门课程及格人数。

(4) 学生信息输出：按学号顺序、按总分顺序、按班级顺序输出学生信息，同时还能输出优秀成绩以及不合格成绩等学生的姓名。

(5)能进行文件的新建、打开和关闭等基本操作。

任务1　项目总体设计

项目的整体框架设计应当充分地进行调查研究，充分与用户进行沟通，充分了解用户的需要，在此基础上给出项目的总体规则设计方案。这里给出了“学生信息管理系统”工作模块图，其目的是给出一个实例，让同学们模仿画出学校的学生成绩管理工作模块，如图11-1所示。

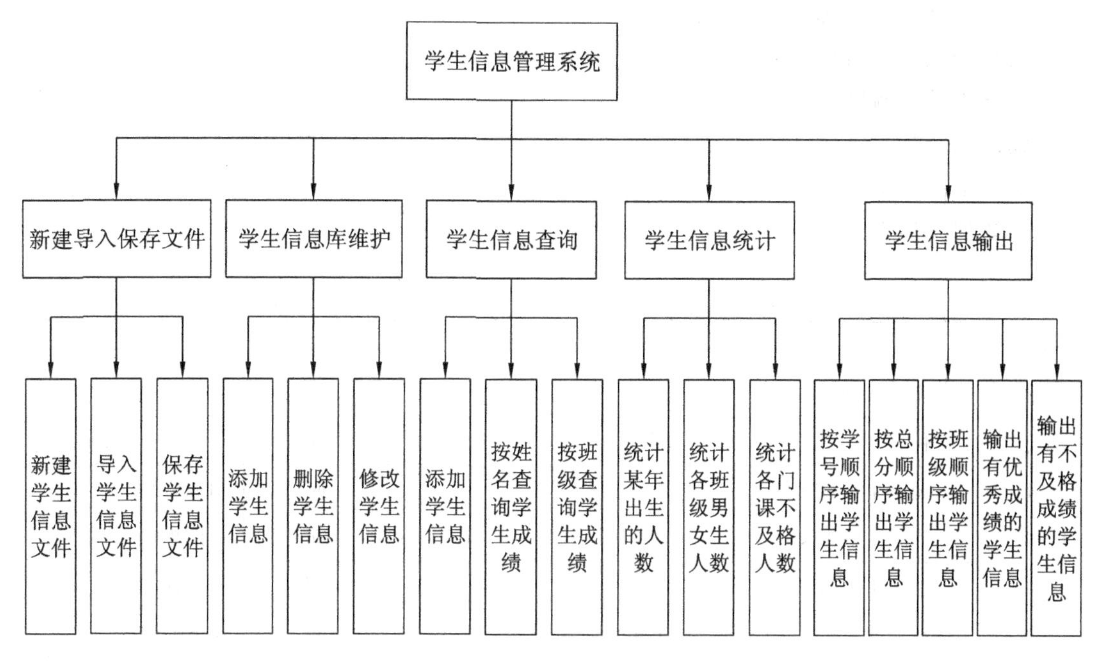

图 11-1 “学生信息管理系统”工作模块图

任务 2 项目详细设计

项目的整体框架设计是程序开发中关系重大的一环。整体框架是程序的总体结构，是程序设计中非常重要的部分。整体框架设计的目的是为项目搭好一个骨架，这个骨架包含了项目的各种功能模块，后面的工作就是如何完成这些功能模块，在这些功能模块全部实现后，整个项目也就完成了。

（1）子功能划分和函数列表建立。

- 文件操作。

功能：新建文件、打开文件、关闭文件。

- 学生信息库。

功能：添加学生信息、删除学生信息、修改学生信息。

- 查询。

功能：按学号、按姓名、按班级查询学生信息。

- 学生信息统计。

功能：统计某年出生人数，统计各班男女生人数，统计各门课不及格人数。

- 学生信息输出。

功能:按学号顺序输出学生信息;
按总分顺序输出学生信息;
按班级顺序输出学生信息;
输出优秀学生信息;
输出不及格学生信息。
函数列表如表 11-1 所示。

表 11-1　函数列表

编　　号	模　块　名	函　　数	返 回 类 型	说　　明
0	学生信息管理系统	Main	void	主菜单
1	文件	File	void	子菜单 1
1—1	新建学生数据文件	creat file	void	功能模块
1—2	导入学生数据文件	load file	void	功能模块
1—3	保存学生数据文件	save file	void	功能模块
1—4	退出系统	Quit	void	功能模块
2	维护	Edit	void	子菜单 2
2—1	添加学生信息	Append	void	功能模块
2—2	删除学生信息	Delete	void	功能模块
2—3	修改学生信息	Modify	void	功能模块
3	查询	Search	void	子菜单 3
3—1	按学号查询	search_by_num	void	功能模块
3—2	按姓名查询	search_by_name	void	功能模块
3—3	按班级查询	search_by_class	void	功能模块
4	统计	Count	void	子菜单 4
4—1	统计某年出生	Count_year	void	功能模块
4—2	统计各班男女	Count_class_people	void	功能模块
4—3	统计各门课不及格	Count year	void	功能模块
5	输出	Print	void	子菜单 5
5—1	按学号顺序	Print_num	void	功能模块
5—2	按总分顺序	Print_total	void	功能模块
5—3	按班级顺序	Print_class	void	功能模块
5—4	输出优秀学生	Print_good	void	功能模块
5—5	输出不及格学生	Print_bad	void	功能模块

(2) 为了能够在DEV-C++的编译环境中使用相关的定位输出字符的函数 gotoxy 和清除屏幕的函数 clrscr,有必要引入＜windows. h＞。同时,实现 gotoxy 和 clrscr 前要获取 console 的句柄。获取句柄代码如下:

```
HANDLE hOut;
void clrscr();
void gotoxy(int x,int y);
int main (void)
{
hOut=GetStdHandle(STD_OUTPUT_HANDLE);//配合 <windows.h>完成 clrscr(),gotoxy
}
```

实现 gotoxy 函数代码:

```
void gotoxy(int x, int y)
{
  COORD pos;
  pos.X=x;
  pos.Y=y;
  SetConsoleCursorPosition(hOut, pos);      /*设置光标位置 */
}
```

实现 clrscr 函数代码:

```
void clrscr()
{
COORD coordScreen={0, 0};
BOOL bSuccess;
DWORD cCharsWritten;
CONSOLE_SCREEN_BUFFER_INFO csbi;
DWORD dwConSize;
bSuccess=GetConsoleScreenBufferInfo(hOut, &csbi);
dwConSize=csbi.dwSize.X * csbi.dwSize.Y;
bSuccess= FillConsoleOutputCharacter(hOut, (TCHAR) ' ', dwConSize, coordScreen,
&cCharsWritten);
bSuccess=GetConsoleScreenBufferInfo(hOut, &csbi);
bSuccess= FillConsoleOutputAttribute(hOut, csbi.wAttributes, dwConSize, coord-
Screen, &cCharsWritten);
bSuccess=SetConsoleCursorPosition(hOut, coordScreen);
}
```

(3) 主菜单的显示,同时对功能模块填充基本的输出语句来测试软件主体功能的实现程度。该任务是对功能模块做进一步完善,实现的目标是:

① 主菜单和子菜单的显示;

② 主菜单和子菜单逻辑关系的建立;

③ 退出功能实现。

参考代码如下：

```
/*主菜单*/
int main(void)
{
   int select ;
   while(1)
   {
      clrscr();
      gotoxy(30,4);   printf("连云港职业技术学院学生信息管理系统 V1.0");
      gotoxy(30,6);   printf("1-新建、导入、保存文件");
      gotoxy(30,8);   printf("2--学生信息库维护");
      gotoxy(30,10);  printf("3--学生信息查询");
      gotoxy(30,12);  printf("4--学生信息统计");
      gotoxy(30,14);  printf("5--学生信息输出");
      gotoxy(30,16);  printf("0--结束");
      gotoxy(30,18);  printf("请输入您的选择 (0-6) : ");
      scanf("%d",&select);
      switch(select)
      {
         case 1: file();   break;
         case 2: edit();   break;
         case 3: search(); break;
         case 4: count();  break;
         case 5: print();  break;
         case 0: quit();   break;
         default: printf("输入错误,请重新输入!" );
         getch();
      }
   }
}
/*系统退出模块*/
void quit()
{
    gotoxy(12,25);printf("程序结束!谢谢使用!");
    exit(0);
}
/*子菜单 1-新建、导入、保存学生信息文件*/
void file()
{
int select;
while(1)
```

```
    {
        clrscr();
        gotoxy(28,4);   printf("新建、导入、保存学生信息文件");
        gotoxy(30,6);   printf("1--新建学生信息文件");
        gotoxy(30,8);   printf("2--导入学生信息文件");
        gotoxy(30,10);  printf("3--保存学生信息文件");
        gotoxy(30,12);  printf("0--返    回");
        gotoxy(30,14);  printf("请输入您的选择 (0-3) : ");
        scanf("%d",&select);
        switch(select)
        {
          case 1: create_file();break;
          case 2: load_file();break;
          case 3: save_file();break;
          case 0: return ;
          default: printf("输入错误,请重新输入!" );
          getch();
        }
      }
    }
/*子菜单 2—学生信息库维护*/
  void edit()
  {
        int select;
        if(n==-1)
      {
         printf("未导入数据,请先导入学生信息库");
         getch();
         return;
    }
         while(1)
         {
            clrscr();
            gotoxy(30,4);   printf("学生信息库维护");
            gotoxy(30,6);   printf("1--添加学生信息");
            gotoxy(30,8);   printf("2--删除学生信息");
            gotoxy(30,10);  printf("3--修改学生信息");
            gotoxy(30,12);  printf("0--返    回");
            gotoxy(30,16);  printf("请输入您的选择 (0-3) : ");
            scanf("%d",&select);
            switch(select)
```

```
            {
                case 1: append();break;
                case 2: deleted();break;
                case 3: modify();break;
                case 0: return ;
                default: printf("输入错误,请重新输入！" );
                getch();
            }
        }
    }
/*子菜单 3—学生信息查询*/
  void search()
  {
      int select;
      if(n==-1)
       {
          printf("未导入数据,请先导入学生信息库");
          getch();
          return;
       }
       while(1)
      {
          clrscr();
          gotoxy(30,4);   printf("学生信息查询");
          gotoxy(30,6);   printf("1--按学号查询学生成绩");
          gotoxy(30,8);   printf("2--按姓名查询学生成绩");
          gotoxy(30,10);  printf("3--按班级查询学生成绩");
          gotoxy(30,12);  printf("0--返    回");
          gotoxy(30,14);  printf("请输入您的选择 (0-3) : ");
          scanf("%d",&select);
          switch(select)
          {
              case 1: search_by_num();break;
              case 2: search_by_name();break;
              case 3: search_by_class();break;
              case 0: return;
              default: printf("输入错误,请重新输入！" );
              getch();
          }
      }
  }
```

```
/*子菜单 4—学生信息统计*/
  void count()
  {
      int select;
      if(n==-1)
      {
        printf("未导入数据,请先导入学生信息库");
        getch();
        return;
      }
      while(1)
      {
          clrscr();
          gotoxy(30,4);   printf("学 生 信 息 统 计");
          gotoxy(30,6);   printf("1--统计某年出生的人数");
          gotoxy(30,8);   printf("2--统计各班级男女生人数");
          gotoxy(30,10);  printf("3--统计各门课不及格人数");
          gotoxy(30,12);  printf("0--返     回");
          gotoxy(30,14);  printf("请输入您的选择 (0-3) : ");
          scanf("%d",&select);
          switch(select)
          {
              case 1: count_year( );break;
              case 2: count_class_people();break;
              case 3: count_score();break;
              case 0: return;
              default: printf("输入错误,请重新输入!" );
              getch();
          }
      }
  }
/*子菜单 5—学生信息输出*/
  void print()
  {
      int select;
      if(n==-1){ printf("未导入数据,请先导入学生信息库"); getch(); return;}

      while(1)
      {
          clrscr();
```

```
            gotoxy(30,4);   printf("学 生 信 息 输 出");
            gotoxy(30,6);   printf("1--按学号顺序输出学生信息");
            gotoxy(30,8);   printf("2--按总分顺序输出学生信息");
            gotoxy(30,10);  printf("3--按班级顺序输出学生信息");
            gotoxy(30,12);  printf("4--输出有优秀成绩的学生信息");
            gotoxy(30,14);  printf("5--输出有不及格成绩的学生信息");
            gotoxy(30,16);  printf("0--返      回");
            gotoxy(30,18);  printf("请输入您的选择 (0-5) : ");
            scanf("%d",&select);
            switch(select)
            {
                case 1: print_num();break;
                case 2: print_tatol();break;
                case 3: print_class();break;
                case 4: print_good();break;
                case 5: print_bad();break;
                case 0: return;
                default: printf("输入错误,请重新输入!" );
                getch();
            }
        }
    }
```

任务3 子功能1——新建、导入、保存学生信息文件

结构体类型是“学生信息管理系统”中学生属性的主要类型，学生属性就是用结构体类型来实现的。本任务主要介绍新建学生数据文件、从文件中导入学生信息、把内存中学生信息数据保存回文件，该模块涉及文件的打开、保存和关闭操作，涉及的函数主要有 create_file、load_file 和 save_file。这里首先介绍文件中学生数据的组织格式实现。

（1）定义学生数组长度和函数的声明，假定要处理的学生不超过 50 人。

```
#define MAX1   50      //班级学生最大数
#define MAX2   5       //同学所学科目数
```

（2）定义学生信息结构体类型。

```
struct date                    /*定义出生日期结构体类型*/
```

```
{
    int year;/*年*/
    int month;/*月*/
    int day;/*日*/
};
struct student /*学生数据结构类型*/
{
    char num[7];/*学号 6 位,留一位存放字符串结束标志,下同*/
    char name[11];/*姓名 10 位*/
    char class1[13];/*班级 12 位*/
    char sex;/*字符'm'表示男,'f'表示女 */
    struct date  birthday;/*出生年月日*/
    float score[MAX2];/*每个学生有五门成绩*/
};
```

(3) 在主函数中第一次清屏之前,定义能存储 50 个学生信息的数组和记录当前学习科目的整型变量数组 kc。

```
typedef struct student STUDENT;
STUDENTstu[MAX1];
char kc[MAX2][20]={"语文","数学","物理","英语","政治"};
```

参考代码:

```
/*1-1 新建一个空的学生数据文件*/
  void create_file()
  {
      FILE *fp;/*定义文件指针变量*/
      if((fp=fopen("stu_data","wb"))==NULL)/*打开或建立文件*/
      {
          printf("\n\t 不能建立文件!按任意键继续......");
          getch();
          return ;
      }
      printf("\n\t 文件建立成功!要输入数据请选择\"添加学生信息。\"");
      printf("\n\t 按任意键继续......");
      getch();
      n=0;
      fclose(fp);                  /*关闭文件*/
      return;
   }
/*1-2 导入学生数据文件*/
  void load_file()
```

```
{
    FILE *fp;/*定义文件指针变量*/
    int i=0;/*读文件时,i 用来统计读入的记录个数*/
    if(n!=-1)
    {
        printf("\n\t 文件已经导入。\n\t 按任意键继续......");
        getch();
        return;
    }
    if((fp=fopen("stu_data", "rb"))==NULL)/*打开文件*/
    {
        printf("\n\t 打不开文件! ps[k].female");
        n=-1;
        getch();
        return;
    }
    while(fread(&stu[i],sizeof(STUDENT),1,fp)==1) i++;/*读取文件*/
    n=i;
    printf("\n\t 导入结束,共导入% d个学生数据。\n\t 按任意键继续......", i);
    fclose(fp);/*关闭文件*/
    getch();
    return ;
}
/*1-3保存学生数据文件*/
void save_file()
{
    FILE *fp;
    int i;
    if((fp=fopen("stu_data","wb"))==NULL)
    {
        printf("\n\t 打不开文件!按任意键继续......");
        getch();
        return;
    }
    for(i=0;i<n;i++)
        fwrite(&stu[i],sizeof(STUDENT),1,fp);
    printf("\n\t 存盘成功。按任意键继续......");
    ismodify=0;
    fclose(fp);
    getch();
}
```

任务4 子功能2——学生信息库维护

在该组功能模块中，实现学生信息的添加、删除和修改。添加学生信息中通过for循环来实现，其中特别注意出生日期和成绩的添加，涉及结构体的嵌套引用。删除学生信息采用数组信息从后向前覆盖。修改学生成绩根据学号来查询数组，找到数组对应的元素来修改，涉及的函数主要有append、deleted和modify。

参考代码：

```
/*2-1 添加学生记录函数*/
 void append()
 {
     int i,j,k;
     char c;
     clrscr();
     printf("请输入你要添加的学生记录个数:");
     scanf("%d",&k);
     for(i=n;i<n+k;i++)
     {
         clrscr();
         printf("请输入第%d个学生数据:\n",i-n+1);
         printf("学号: ");
         scanf("%s",stu[i].num);
         printf("姓名: ");
         scanf("%s",stu[i].name);
         printf("班级: ");
         scanf("%s",stu[i].class1);
         printf("性别: ");
         scanf("%c%c",&c,&stu[i].sex);
         printf("出生日期    年:    月:    日:");
         gotoxy(17,6);scanf("%d",&stu[i].birthday.year);
         gotoxy(26,6);scanf("%d",&stu[i].birthday.month);
         gotoxy(34,6);scanf("%d",&stu[i].birthday.day);
         printf("%d门课程的成绩:\n",MAX2);
         for(j=0;j<MAX2;j++)
         {
         printf("%s: ",kc[j]);
         scanf("%f",&stu[i].score[j]);
```

```
        }
    }
    printf("\n\t 添加完毕,现在学生信息库中共有%d条记录。\n",n+k);
    n+=k;/*学生信息库记录数更新*/
    if(k>0) ismodify=1;/*学生信息库内容有变化*/
    getch();
    return ;
  }
/*2-2 删除学生记录函数*/
  void deleted()
  {
      char num[7];
      int i,j;
      char sele;
      printf("请输入你要删除的学生的学号:");
      scanf("%s",num);
      for(i=0;i<n;i++)/*查找匹配的记录*/
      if(strcmp(stu[i].num,num)==0) break;
  if(i==n)
      printf("没有此学号");
  else
  {
      printf("学号: %s   姓名: %s   班级: %s",stu[i].num,stu[i].name,stu[i].
class1);
      printf("\n 确实要删除这个学生的数据吗?(Y/N):");
      scanf("%c%c",&sele,&sele);
      if( sele=='Y'||sele=='y')
      {
          for(j=i+1;j< n;j++)
              stu[j-1]=stu[j];
          n--;
          printf("\n\t\t 删除完毕,现在共有%d个数据。\n",n);
          ismodify=1;
      }
   }
   getch();
   return ;
  }
/*2-3 修改学生成绩函数*/
  void modify()
```

```
{
    char num[7];
    float a[MAX2];
    int i,j;
    char sele;
    printf("请输入学号:"); scanf("%s",num);
    for(i=0;i<n;i++)/*查找匹配的记录*/
        if(strcmp(stu[i].num,num)==0) break;
    if(i==n)
      printf("没有此学号!");
    else
    {
        printf("学号:%s  姓名:%s  班级:%s\n",stu[i].num,stu[i].name,stu[i].
class1);
        for(j=0;j<MAX2;j++)
            printf("%s: %5.1f  ",kc[j],stu[i].score[j]);
        printf("\n请输入%d门课程的新成绩:\n",MAX2);
        for(j=0;j<MAX2;j++)
            scanf("%f",&a[j]);
        printf("\n确定要修改这个学生的成绩吗?(Y/N):");
        scanf("%c%c",&sele,&sele);
        if( sele=='Y' || sele=='y')
      {
         for(j=0; j<MAX2; j++)
         stu[i].score[j]=a[j];
         printf("\n\t修改完毕。");
         ismodify=1;
      }
      else printf("\n\t没有修改。");
  }
  getch();
  return ;
}
```

任务5 子功能3——学生信息查询

学生信息的查询可以按照学号、姓名和班级。其中学号和姓名都是字符数组，采用string.h中的函数strcmp来比较。按班级来查询时有多个同学，同时，要对班级的人数进行统计。涉及的主要函数有search_by_num、search_by_name和search_by_class。

参考代码：

```
/*3-1按学号查询学生信息*/
  void search_by_num()
  {
      char num[7];
      int i,j;
      clrscr();
      printf("请输入你要查询的学生学号:");
      scanf("%s",num);
      for(i=0;i<n;i++)
           if(strcmp(stu[i].num,num)==0) break;
      if(i==n)   /*没找到要查询的记录*/
      {
         printf("\n对不起,没有相符的记录!");
      }
      else
      {
         printf("你要查询的学生信息如下:\n\n");
         printf("学号:%s\n姓名:%s\n ", stu[i].num,stu[i].name);
         printf("班级:%s\n性别:%c\n", stu[i].class1,stu[i].sex);
         printf("出生日期:");
         printf("%d年 %d月 %d日\n", stu[i].birthday.year,stu[i].birthday.
         month,
             stu[i].birthday.day);
         printf("各门课程的成绩如下:\n");
         for(j=0;j<MAX2;j++)
             printf("%s:%5.1f\n",kc[j], stu[i].score[j]);
             printf("\n");
         }
         printf("\n\t按任意键返回......");
         getch();
         return;
  }
/*3-2按姓名查询学生信息*/
  void search_by_name()
  {
      char name[11];
      int i,j,count=0;
      STUDENT *p;
      clrscr();
      printf("请输入你要查询的学生姓名:");
      scanf("%s",name);
```

```
    for(p=stu;p<stu+n;p++)
    {
        if(strcmp(p->name, name)==0)
        {
            count++;
          if(count==1)
            {
                print_head();          /*显示表头*/
            }
            print_record(p-stu);     /*显示一条记录*/
        }
    }
    if(count==0)
        printf("\n\t对不起,没有相符的记录!"); /*没找到要查询的记录*/
    else
        printf("\n\t共找到%d个记录。",count); /*输出找到记录总数*/
    printf("\n\t按任意键返回......");
    getch();
}
/*3-3按班级查询学生信息*/
void search_by_class()
{
    char class1[13];
    int i,j,count=0;
    clrscr();
    printf("请输入你要查询的班级名称:");
    scanf("%s",&class1);
    for(i=0;i<n;i++)
    {
        if(strcmp(stu[i].class1,class1)==0)
        {
            count++;
            if(count==1)
            {
                print_head();     /*显示表头*/
            }
            print_record(i);/*显示一条记录*/
        }
    }
    if(count==0)
      printf("\n\t对不起,没有相符的记录!"); /*没找到要查询的记录*/
```

```
        else
          printf("\n\t%s班共有%d个记录。",class1, count); /*输出找到记录总数*/
        printf("\n\t按任意键返回");
        getch();
    }
```

任务6 子功能4——学生信息统计

学生信息统计分别统计某年出生的人数,统计各班级男女生人数,统计各门课不及格人数。按年份统计要注意结构体成员的引用。统计班级男女生人数时注意使用双层for循环。统计各门课不及格人数也要注意结构体成员的引用。涉及的函数有count_year、count_class_people和count_score。

参考代码:

```
/*4-1统计某年出生的人数*/
  void count_year( )
  {
     int year, m;
     int i;
     clrscr();
     printf("请输入年份:");
     scanf("%d",&year);
     m=0;
     for(i=0;i<n;i++)
     {
         if(stu[i].birthday.year==year) m++;
     }
     gotoxy(30,8); printf("%d年出生的人数:  %d",year,m);
     gotoxy(30,14);printf("按任意键返回......");
     getch();
  }
/*4-2统计各班级男女生人数*/
  void count_class_people()
  {
      struct
      {
          char class_name[13];
```

```
        int male;
        int female;
    }ps[MAX1];
    int i,j,k=0;
    clrscr();
    strcpy(ps[k].class_name,stu[k].class1);
    if(stu[k].sex=='m')ps[k].male=1;
    else ps[k].female=1;
    k++;
    for(i=1;i<n;i++)
    {
        for(j=0;j<k;j++)/*在 ps 中找相同班级*/
        if(strcmp(stu[i].class1, ps[j].class_name)==0) break ;
        if(j==k)/*如果在 ps 中没有找到指定班级*/
        {
            strcpy(ps[k].class_name,stu[i].class1);
            if(stu[i].sex=='m')ps[k].male=1;
            else ps[k].female=1;
            k++;
        }
        else/*如果在 ps 中找到了相同班级*/
        {
            if(stu[i].sex=='m')ps[j].male++;
            else ps[j].female++;
        }
}
gotoxy(30,5);  printf("班级        男        女        合计");
gotoxy(30,6);  printf("--------------------------------------");
for(i=0;i<k;i++)
{
    gotoxy(30,7+ i);
    printf("%-s%8d%8d%8d",ps[i].class_name,ps[i].male,ps[i].female,
    ps[i].male+ps[i].female);
    }
    gotoxy(30,24);printf("按任意键返回!......");
    getch();
  }
/*4-3统计各门课不及格人数*/
  void count_score()
  {
      int sc[MAX2];
```

```
    int i,j;
    clrscr();
    for(i=0;i<MAX2;i++)sc[i]=0;/*统计数组清 0*/
    for(j=0;j<MAX2;j++)
    for(i=0;i<n;i++)
        if(stu[i].score[j]<60) sc[j]++;
    gotoxy(30,5);  printf("课程        不及格人数");
    gotoxy(30,6);  printf("--------------------");
    for(i=0;i<MAX2;i++)
    {
        gotoxy(30,7+i);
        printf("%-s%12d", kc[i], sc[i]);
    }
    gotoxy(30,16);printf("按任意键返回");
    getch();
}
```

任务 7　子功能 5——学生信息输出

学生信息输出按照学号来输出。注意理解选择排序法，并应用到学号排序中来。按照总分来排序采用的是冒泡排序法。要理解冒泡排序法及其应用。排列班级使用的是交换排序法，理解其排序核心思想。后面使用遍历数组输出优秀成绩的同学和不及格成绩的同学，注意遍历方法的引用。涉及的函数有 print_num、print_total、print_class、print_good、print_bad 和 print_all。

参考代码：

```
/*5-1 按学号顺序输出*/
 void print_num()
 {
    STUDENT temp;
    int i,j,k;
    clrscr();
    for(i=0;i<n-1;i++)   /*用选择排序法按学号从小到大排序*/
    {
        k=i;
        for(j=i;j<n;j++)
        {
            if(strcmp(stu[j].num,stu[k].num)< 0) k=j;
        }
```

```
        if(k! =i)
        {
            temp=stu[i];
            stu[i]=stu[k];
            stu[k]=temp;
        }
    }
    print_all();/*显示所有记录*/
 }
/*5-2按总分顺序输出*/
  void print_total()
  {
    STUDENT temp;
  int i,j,k;
  float sum1,sum2;
    clrscr();
    for(i=0;i<n-1;i++)/*用冒泡排序法按总分从小到大排序*/
    {
        k=i;
        for(j=0;j< n-1-i;j++)
        {
          for(k=0,sum1=0;k<MAX2;k++)sum1+ =stu[j].score[k];/*求出相邻两个记
录中的成绩总分*/
            for(k=0,sum2=0;k<MAX2;k++)sum2+=stu[j+1].score[k];
            if(sum1>sum2)
            {
                temp=stu[j];
                stu[j]=stu[j+1];
                stu[j+1]=temp;
            }
          }
      }
      print_all();/*显示所有记录*/
  }
/*5-3按班级顺序输出*/
  void print_class()
  {
    STUDENT temp;
    int i,j;
    clrscr();
    for(i=0;i<n-1;i++)/*用交换排序法按班级名称从小到大排序*/
```

```
            for(j=i+1;j<n;j++)
                if(strcmp(stu[i].class1,stu[j].class1)>0)
                {
                    temp=stu[j];
                    stu[j]=stu[i];
                    stu[i]=temp;
                }
        print_all();/*显示所有记录*/
    }
/*5-4输出有优秀成绩的学生信息*/
    void print_good()
    {
        int i,j,count=0;
        clrscr();
        for(i=0;i<n;i++)
            for(j=0;j<MAX2;j++)
                if(stu[i].score[j]>=90)
                {
                  count++;
                  if(count==1)
                      print_head();/*显示表头*/
                  print_record(i);/*显示当前记录*/
                  break;   /*已经把所有成绩输出*/
                }
        if(count==0)
            printf("\n\t没有成绩优秀的学生。");
        gotoxy(10,25); printf("按任意键返回……");
        getch();
    }
/*5-5输出有不及格成绩的学生信息*/
    void print_bad()
    {
        int i,j,count=0;
        clrscr();
        for(i=0;i<n;i++)
            for(j=0;j<MAX2;j++)
                if(stu[i].score[j]<60)
                {
                    count++;
                    if(count==1)
                        print_head();/*显示表头*/
```

```
                print_record(i);/*显示当前记录*/
                break;/*已经把所有成绩输出*/
            }
        if(count==0)
            printf("\n\t 没有成绩不及格的学生。");
        gotoxy(10,25); printf("按任意键返回……");
        getch();
    }
/*列表显示所有学生信息*/
    void print_all()
    {
        int i,j,sum;
        for(i=0;i<n;i++)
        {
            if(i % 10==0)
                print_head();
            print_record(i);
            if((i+ 1) %10==0 || i==n-1 )
            {
                gotoxy(10,25); printf("按任意键继续……");
                getch();
            }
        }
    }
/*显示数据列表的表头*/
    void print_head()
    {
        int j;
        clrscr();
        printf("学号    姓名     班级     性别   出生日期   ");
        for(j=0;j<MAX2;j++) printf("%6s", kc[j]);
        printf("总分");printf("\n");
        for(j=0;j<78;j++) printf("-");printf("\n");
    }
/*显示数据列表的一条记录*/
    void print_record(int i)
    {
        int j;
```

```
        float sum=0;
        printf("%-7s %-7s % -10s %c %7d.%2d.%2d ",stu[i].num,stu[i].name,stu[i].
    class1,
            stu[i].sex, stu[i].birthday.year,stu[i].birthday.month,stu[i].birth-
    day.day);
        for(j=0;j<MAX2;j++)
        {
            printf("%6.1f",stu[i].score[j]);
            sum+=stu[i].score[j];
        }
        printf("%6.1f",sum);
        printf("\n");
    }
```

最后，当这些代码输入进编译系统时，请读者注意要加入包含的头文件和函数声明部分，这些内容如下：

```
#include "stdio.h"
#include "conio.h"
#include "string.h"
#include "stdlib.h"
#include <windows.h>
#defineMAX1  50
#defineMAX2  5
void file();          /*函数声明*/
void create_file();
void load_file();
void save_file();
void edit();
void append();
void deleted();
void modify();
void search();
void search_by_num();
void search_by_name();
void search_by_class();
void count();
void count_year();
void count_class_ people();
void count_score();
```

```
void print();
void print_num();
void print_tatol();
void print_class();
void print_good();
void print_bad();
void print_head();
void print_record(int i);
void print_all();
void quit();
```

通过本书内容的学习，大家已经基本掌握了C语言程序设计的基本知识。这里通过一个具体的小项目，一方面复习已经掌握的C语言基本语法，培养综合运用C语言解决实际问题的能力；另一方面也培养代码规范和文档规范的意识，为后续其他语言的学习奠定良好的基础。

附录 A　标准 ASCII 码编码表

十进制	十六进制	ASCII 字符	十进制	十六进制	ASCII 字符
0	00	null	32	20	space
1	01	☺	33	21	!
2	02	☻	34	22	"
3	03	♥	35	23	#
4	04	♦	36	24	$
5	05	♣	37	25	%
6	06	♠	38	26	&
7	07	●	39	27	'
8	08	◘	40	28	(
9	09	○	41	29	)
10	0a	◙	42	2a	*
11	0b	♂	43	2b	+
12	0c	♀	44	2c	,
13	0d	♪	45	2d	-
14	0e	♫	46	2e	.
15	0f	¤	47	2f	/
16	10	►	48	30	0
17	11	◄	49	31	1
18	12	↕	50	32	2
19	13	!!	51	33	3
20	14	‖	52	34	4
21	15	§	53	35	5
22	16	▬	54	36	6

续表

十进制	十六进制	ASCII 字符	十进制	十六进制	ASCII 字符
23	17	↨	55	37	7
24	18	↑	56	38	8
25	19	↓	57	39	9
26	1a	→	58	3a	:
27	1b	←	59	3b	;
28	1c	∟	60	3c	<
29	1d	↔	61	3d	=
30	1e	▲	62	3e	>
31	1f	▼	63	3f	?
64	40	@	96	60	`
65	41	A	97	61	a
66	42	B	98	62	b
67	43	C	99	63	c
68	44	D	100	64	d
69	45	E	101	65	e
70	46	F	102	66	f
71	47	G	103	67	g
72	48	H	104	68	h
73	49	I	105	69	i
74	4a	J	106	6a	j
75	4b	K	107	6b	k
76	4c	L	108	6c	l
77	4d	M	109	6d	m
78	4e	N	110	6e	n
79	4f	O	111	6f	o
80	50	P	112	70	p
81	51	Q	113	71	q
82	52	R	114	72	r
83	53	S	115	73	s
84	54	T	116	74	t

续表

十进制	十六进制	ASCII 字符	十进制	十六进制	ASCII 字符
85	55	U	117	75	u
86	56	V	118	76	v
87	57	W	119	77	w
88	58	X	120	78	x
89	59	Y	121	79	y
90	5a	Z	122	7a	z
91	5b	[	123	7b	{
92	5c	\	124	7c	|
93	5d	]	125	7d	}
94	5e	^	126	7e	~
95	5f	_	127	7f	del

附录B C语言常用标准库函数

1. 常用数学函数

使用数学函数时，源程序首部一定要有＃include <math. h>或＃include "math. h"。

函 数 名	函 数 原 型	功 能 说 明
abs	int abs (int x)；	绝对值
acos	double acos (double x)；	反余弦三角函数
asin	double asin (double x)；	反正弦三角函数
atan	double atan (double x)；	反正切三角函数 $\tan^{-1}(x)$
atan2	double atan2 (double y，double x)；	反正切三角函数 $\tan^{-1}(x/y)$
cos	double cos (double x)；	余弦函数
cosh	double cosh (double x)；	双曲余弦函数
exp	double exp (double x)；	指数函数
fabs	double fabs (double x)；	双精度数绝对值
fmod	double fmod (double x，double y)；	取模运算，求 x/y 的余数

续表

函　数　名	函数原型	功能说明
log	double log (double x)；	自然对数函数
log10	double log10 (double x)；	以 10 为底的对数函数(常用对数)
pow	double pow (double x，double y)；	指数函数，x 的 y 次幂
pow10	double pow10(int p)；	指数函数，10 的 p 次幂
sin	double sin (double x)；	正弦函数
sinh	double sinh (double x)；	双曲正弦函数
sqrt	double sqrt (double x)；	平方根函数
tan	double tan (double x)；	正切函数
tanh	double tanh (double x)；	双曲正切函数

2. 字符函数

使用字符函数时，源程序首部一定要有 #include <ctype. h>或#include "ctype. h"。

函　数　名	函数原型	功能说明
isdigit	int isdigit (int c)；	判断 c 是否是数字字符
isalpha	int isalpha(int c)；	判断 c 是否是字母
isalnum	int isalnum(int c)；	判断 c 是否是一个数字或字符
isspace	int isspace(int c)；	判断 c 是否是空格、制表符或换行符
islower	int islower(int c)；	判断 c 是否是一个小写字母
isupper	int isupper(int c)；	判断 c 是否是一个大写字母
toupper	int toupper(int c)；	如果是一个小写字母，则返回一个大写字母
tolower	int tolower(int c)；	如果是一个大写字母，则返回一个小写字母

3. 字符串函数

使用字符串函数时，源程序首部一定要有#include <string. h>或#include "string. h"。

函　数　名	函数原型	功能说明
strcat	char * strcat(char * str1，char * str2)；	把字符 str2 接到 str1 后面，取消原来 str1 最后面的串结束符"\0"
strchr	char * strchr(char * str,int c)；	找出 str 指向的字符串中第一次出现字符 ch 的位置。如找不到 c，则应返回 NULL
strcmp	int * strcmp(char * str1，char * str2)；	比较字符串 str1 和 str2，若 str1<str2，为负数；若 str1=str2，返回 0；若 str1>str2，为正数

续表

函 数 名	函 数 原 型	功 能 说 明
strcpy	char * strcpy(char * str1, char * str2);	把 str2 指向的字符串拷贝到 str1 中去
strlen	unsigned intstrlen(char * str);	统计字符串 str 中字符的个数(不包括终止符"\0")
strlwr	char * strlwr(char * str);	将 str 中的字母都变成小写字母
strupr	char * strupr(char * str);	将 str 中的字母都变成大写字母
strrev	char * strrev(char * str);	将字符串 str 倒转

4. 输入输出函数

调用字符函数时，在源文件中首部一定要有#include <stdio.h>或#include "stdio.h"。

函 数 名	函 数 原 型	功 能 说 明
clearer	void clearer(FILE * fp)	清除与文件指针 fp 有关的所有出错信息
fclose	int fclose(FILE * fp)	关闭 fp 所指的文件，释放文件缓冲区
feof	int feof (FILE * fp)	检查文件是否结束
fgetc	int fgetc (FILE * fp)	从 fp 所指的文件中取得下一个字符
fgets	char * fgets(char * buf, int n, FILE * fp)	从 fp 所指的文件中读取一个长度为 n－1 的字符串，将其存入 buf 所指存储区
fopen	FILE * fopen(char * filename, char * mode)	以 mode 指定的方式打开名为 filename 的文件
fprintf	int fprintf(FILE * fp, char * format, args,…)	把 args,…的值以 format 指定的格式输出到 fp 指定的文件中
fputc	int fputc(char ch, FILE * fp)	把 ch 中字符输出到 fp 指定的文件中
fputs	int fputs(char * str, FILE * fp)	把 str 所指字符串输出到 fp 所指文件中
fread	int fread(char * pt, unsigned size, unsigned n, FILE * fp)	从 fp 所指的文件中读取长度 size 为 n 的数据项并存到 pt 所指文件中
fscanf	int fscanf (FILE * fp, char * format, args,…)	从 fp 所指的文件中按 format 指定的格式把输入数据存入到 args,…所指的内存中
fseek	int fseek (FILE * fp, long offer, int base)	移动 fp 所指文件的位置指针
ftell	long ftell (FILE * fp)	求出 fp 所指文件当前的读写位置
fwrite	int fwrite(char * pt, unsigned size, unsigned n, FILE * fp)	把 pt 所指向的 n * size 个字节输入到 fp 所指文件中

续表

函 数 名	函数原型	功能说明
getc	int getc (FILE * fp)	从 fp 所指文件中读取一个字符
getchar	int getchar(void)	从标准输入设备读取下一个字符
gets	char * gets(char * s)	从标准设备读取一行字符串,将其放入 s 所指存储区,用'\0'替换读入的换行符
printf	int printf(char * format,args,…)	把 args,…的值以 format 指定的格式输出到标准输出设备
putc	int putc (int ch, FILE * fp)	同 fputc
putchar	int putchar(char ch)	把 ch 输出到标准输出设备
puts	int puts(char * str)	把 str 所指字符串输出到标准设备,将'\0'转成回车换行符
rename	int rename(char * oldname, char * newname)	把 oldname 所指文件名改为 newname 所指文件名
rewind	void rewind(FILE * fp)	将文件位置指针置于文件开头
scanf	int scanf(char * format,args,…)	从标准输入设备按 format 指定的格式把输入数据存入到 args,…所指的内存中

5. 时间函数

调用时间函数时,在源文件中首部一定要有 #include <time. h>或 #include "time. h" 。

函 数 名	函数原型	功能说明
asctime	char * asctime(const struct tm * timeptr);	将时间日期转换成 ASCII 字符
clock	clock_t clock(void);	确定程序运行到现在所花费的大概时间
ctime	char * ctime (const time_t * timep);	将 time 所指向的日历时间转换为字符串形式的本地时间
difftime	double difftime(time_t time2, time_t time1);	计算两个日历时间 time1 和 time2 的时间间隔。其中,time1 为指定的第一个时间,time2 为指定的第二个时间。time1 要小于或等于 time2
gmtime	struct tm * gmtime(const time_t * timer)	把日期和时间转换为格林尼治标准时间(GMT)
time	time_t time(time_t * time)	此函数会返回从公元 1970 年 1 月 1 日的 UTC 时间从 0 时 0 分 0 秒算起到现在所经过的秒数

6. 其他函数

有些函数由于不便归入某一类，所以单独列出。使用这些函数时，应该在源文件中使用预编译命令：#include <stdlib.h>或#include "stdlib.h" 。

函数名	函数原型	功能说明
exit	void exit(int state);	中止程序运行。将 state 的值返回调用的过程。state：0—正常中止，非 0—非正常中止
rand	int rand(void);	产生一系列伪随机数
random	int random(int num);	产生 0 到 num 之间的随机数

system	int system (char *str);	system 函数可以调用一些 DOS 命令，比如："system("cls");//清屏
		system("color xy");//设置默认控制台前景和背景颜色。x 和 y 的值在 0～F 之间
		system("date");//显示或设置当前日期

附录C 学习C语言容易出现的错误

在长期的一线教学中笔者搜集了一些初学者常犯的错误，供读者在学习过程中借鉴。

1. 常见编辑错误

(1) 括号不成对，特别是当一个语句中使用多层次括号时常出现这类错误。

(2) 双引号不成对。

(3) 语句结束漏加分号。

(4) 关键字或库函数名打错字母，例：printf 打成了“print”或“prinf”。

(5) 注释标识误输入。使用/*…*/的方法时，容易漏掉后面的*/，或者写反了，写成了*/…/*。

2. 常见语法错误

(1) 忘记定义变量。

例如：

```
int main()
{
    x=4;
    y=6;
printf("%d\n",x+y);
}
```

C语言要求对程序中用到的每一个变量都必须先定义后使用,上面程序中没有对 x,y 进行定义。应在函数体的开头加“int x,y;”。

(2) 书写标识符时,忽略了大小写字母的区别。

例如:

```
int main()
{
  int a=100;
  printf("%d\n",A);
  }
```

编译时程序把 a 和 A 认为是两个不同的变量名,而显示出错信息。C编译程序认为大写字母和小写字母是两个不同的字符。习惯上,符号常量名用大写,变量名用小写表示,以增加可读性。

(3) 输入输出的数据类型与所用格式说明符不一致。

例如:

```
int main()
{
 float  a=100;
 printf("%d\n",a);
}
```

编译时不给出出错信息,但运行结果将与原意不符。

(4) 将字符常量与字符串常量混淆。

例如:

```
int main()
{
 char  ch="M";
 printf("%c\n",ch);
}
```

(5) 在格式输入语句 scanf 中忘记使用变量的地址符。

例如:

```
scanf("%d%d ",a,b);
```

这是很多初学者刚学C语言时常见的疏忽,应写为“scanf(" %d%d ",&a,&b);”。

(6) 输入数据的形式与要求不符。

例如有以下 scanf 函数:

```
scanf("% d% d ",&a,&b);
```

如何输入数据呢?

如果输入 3 4,将是错误的。数据间应该用空格来分隔,应该输入 3□4(□代表空格)。

如果函数是“scanf(" %d%d ",&a,&b);”,则应当输入 3 4。

(7) 误把“=”作为“等于”运算符,“==”才是关系运算符“等于”。

例如：

```
int main()
{
 int a=1;
 if (a==2)printf("Yes;a==2\n");
 else
 printf("No;a!=2\n");
}
```

如果误把“=”当作“==”，则程序输出“Yes;a==2”。

解决办法：将 a==2 写成 2==a，这样编译检查时非常容易发现问题。

(8) 在不该加分号的地方加分号。例如在 if、for、while 语句中，不应加分号的位置加分号，画蛇添足。

例如，求任意数的绝对值，程序如下：

```
int main()
  {
    float  n=1;
    scanf("%f ",&n);
    if (n<0); n=-n;
    printf("%f ",n);
  }
```

运行结果与任务要求不符，当输入正数时输出是负数，原因就是在条件(n<0)后多加了一个分号，导致空语句与 if 组成了一句。“n=-n;”与 if 从从属关系变成了顺序关系。

(9) 两个关系表达式连用。

代数中可以这样来表达一种关系，即 10<x<100，但这种表达在 C 语言中便失去了原来的意义。C 语言中两个关系表达式不能连用，只能用 && 进行连接。要表达 10<x<100 的关系，只能这样来表达：10<x&&x<100。

但 10<x<100 这个表达式并没有语法错误，编译时并不会出现错误。但含义已经变了，10<x 的值是 1 或 0，再判断 1 或 0 与 100 的大小。

(10) 对应该有花括号的复合语句，忘记加花括号。

例如求 1～100 累加和，程序如下：

```
int main()
 {
  int i, sum=0;
  i=1;
while(i<=100)
   sum=sum+i;
    i++;
printf("%d\n", sum);
  }
```

忘记加花括号导致程序进入死循环。

(11) 在定义数组时，将定义的“元素个数”误认为是“可使用的最大下标值”。

例如：

```
int main()
{
   int a[10]={1,2,3,4,5,6,7,8,9,10};
   int i;
   for(i=1;i<=10;i++)
   printf("%d",a[i]);
}
```

想输出 a[1]到 a[10]，C 语言规定定义时用 a[10]表示 a 数组有 10 个元素，是从 a[0]到 a[9]，因此用 a[10]就超出 a 数组的范围了。

还有很多常见的错误，在这里就不一个一个地举例了，如：

- 所调用的函数在调用语句之后才定义，而在调用之前未声明；
- 对函数声明与函数定义不匹配；
- 定义函数时()后面多了分号；
- 需要加头文件时没有用＃include 命令去包含头文件，例如程序中用到 sin 函数，没有用＃include＜math.h＞；
- 误认为形参值的改变会影响实参的值；
- 函数的实参和形参类型不一样；
- 不同类型的指针混用；
- 没有注意函数参数的求值顺序；
- 混淆数组名与指针变量的区别；
- 混淆结构体类型与结构体变量的区别，对一个结构体类型赋值；
- 使用文件时忘记打开，或打开方式与使用情况不匹配。

参考文献

[1] (美)Brian W. Kernighan,(美)Dennis M. Ritchie. C 程序设计语言[M]. 第 2 版 · 新版. 徐宝文,李志,译. 北京:机械工业出版社,2004.

[2] 谭浩强. C 程序设计[M]. 4 版. 北京:清华大学出版社,2012.

[3] 马磊. C 语言入门很简单[M]. 北京:清华大学出版社,2012.

[4] 张传学. C 语言程序设计案例教程[M]. 武汉:华中科技大学出版社,2011.

[5] 啊哈磊. 啊哈 C! 思考快你一步[M]. 北京:电子工业出版社,2013.

[6] 吉顺如,刘新铭,辜碧容,唐政. C 语言程序设计教程[M]. 2 版. 北京:机械工业出版社,2010.

[7] 杨俊红. C 语言程序设计项目化教程[M]. 北京:北京水利水电出版社,2010.

[8] 李培金. C 语言程序设计项目化教程[M]. 西安:西安电子科技大学出版社,2012.

[9] 康莉,李宽. 零基础学 C 语言[M]. 3 版. 北京:机械工业出版社,2014.